La colección La Ciencia desde México, del Fondo de Cultura Económica, llevó, a partir de su nacimiento en 1986, un ritmo siempre ascendente que superó las aspiraciones de las personas e instituciones que la hicieron posible: nunca faltó material, y los científicos mexicanos desarrollaron una notable labor en un campo nuevo para ellos: escribir de modo que los temas más complejos e inaccesibles pudieran ser entendidos por los jóvenes estudiantes y los lectores sin formación científica.

Tras diez años de trabajo fructífero se ha pensado ahora dar un paso adelante, extender el enfoque de la colección a los creadores de la ciencia que se hace y piensa en lengua española.

Del Río Bravo al Cabo de Hornos y, cruzando el océano, hasta la Península Ibérica, se encuentra en marcha un ejército compuesto de un vasto número de investigadores, científicos y técnicos, que desempeñan su labor en todos los campos de la ciencia moderna, una disciplina tan revolucionaria que ha cambiado en corto tiempo nuestra forma de pensar y observar todo lo que nos rodea.

Se trata ahora no sólo de extender el campo de acción de una colección, sino de pensar una ciencia en nuestro idioma que, imaginamos, tendrá siempre en cuenta al hombre, sin deshumanizarse.

Esta nueva colección tiene como fin principal poner el pensamiento científico en manos de los jóvenes que, siguiendo a Rubén Darío, aún hablan en español. A ellos tocará, al llegar su turno, crear una ciencia que, sin desdeñar a ninguna otra, lleve la impronta de nuestros pueblos.

FÍSICA CUÁNTICA PARA FILO-SOFOS

Alberto Clemente de la Torre

FÍSICA CUÁNTICA PARA FILO-SOFOS

SEP
SECRETARÍA DE
EDUCACIÓN PÚBLICA

la
ciencia/178
para todos

Primera edición (Breviarios de Ciencia Contemporánea), 1992
Segunda edición (La Ciencia para Todos),   2000
    Segunda reimpresión,   2011

Torre, Alberto Clemente de la
    Física cuántica para filo-sofos / Alberto Clemente de la
Torre. — 2a ed. — México : FCE, SEP, CONACyT, 2000
    129 p. ; 21 × 14 cm — (Colec. La Ciencia para Todos ; 178)
    Texto para nivel medio superior
    ISBN 978-968-16-6199-1

    1. Física Cuántica 2. Divulgación científica I. Ser. II. t.

LC Q174.12   Dewey 508.2 C569 V.178

Distribución mundial

Comentarios y sugerencias: laciencia@fondodeculturaeconomica.com
www.fondodeculturaeconomica.com
Tel. (55)5227-4672 Fax (55)5227-4664

Diseño de portada: Laura Esponda Aguilar / León Muñoz Santini

La Ciencia para Todos es proyecto y propiedad del Fondo de Cultura Económica,
al que pertenecen también sus derechos. Se publica con los auspicios de la
Secretaría de Educación Pública y del Consejo Nacional de Ciencia y Tecnología.

D. R. © 1992, FONDO DE CULTURA ECONÓMICA DE ARGENTINA, S. A.
D. R. © 2000, FONDO DE CULTURA ECONÓMICA
Carretera Picacho-Ajusco, 227; 14738 México, D. F.
Empresa certificada ISO 9001: 2008

ISBN 978-968-16-6199-1 (segunda edición)
ISBN 978-950-557-137-6 (primera edición)

Impreso en México • *Printed in Mexico*

Si tuviera una amante misteriosa, oculta y apasionada
que se llamara Lulú, se lo dedicaría a ella.

Pero como hacen todos, sinceramente a mi familia:
YOLANDA, CAROLINA, MARCOS Y SANTIAGO

I. Divulgación de la física cuántica. Por qué y para quién

EN ESTE CAPÍTULO de introducción quisiera plantear algunas ideas sobre la necesidad de divulgar la teoría cuántica y a qué público dicha divulgación pretende alcanzar. Comenzaré con la segunda cuestión. Divulgación significa que en la transmisión de cierto conocimiento se debe poder alcanzar a todo público, sin restricción alguna. Es mi intención respetar ese significado con una única salvedad: a lo largo de estas páginas me dirijo a los "filo-sofos", así escrito para hacer resaltar la etimología de la palabra: amantes del conocimiento. Éstos no son necesariamente filósofos, ya que para leer este libro no se requiere ningún conocimiento de filosofía. Tampoco se requiere ningún conocimiento de física más allá de los conceptos físicos dictados por el sentido común, y se hará un esfuerzo didáctico para evitar el lenguaje natural de la física que brinda la matemática. No le pido al lector ni física ni matemática ni filosofía, pero sí le pido una actitud abierta frente al conocimiento, una curiosidad, un llamado a penetrar en el fascinante mundo de la física cuántica, aunque esto signifique abandonar algunas ideas cuya validez nunca ha cuestionado. En síntesis, sólo pido amor al conocimiento.

En la elaboración de esta obra de divulgación se ha tenido en cuenta fundamentalmente al eventual lector sin conocimientos de mecánica cuántica. Sin embargo, los lectores con conocimientos, aun aquellos considerados expertos, no han sido olvidados y pueden también encontrar que su lectura les resulta enriquecedora, porque se tratan aquí algunos temas que son casi siempre ignorados en la enseñanza de la mecánica cuántica. Veremos más adelante que la mecánica cuántica posee un excelente formalismo, cuyas predicciones han sido verificadas experimentalmente con asombrosa precisión, pero carece de una interpretación satisfactoria; no sabemos qué significan exactamente todos los símbolos que aparecen en el formalismo. Esta situación, ilustrada sin exageración alguna por el premio Nobel R. Feynman al expresar que "nadie entiende la mecánica cuántica", se refleja en el hecho de que los libros de texto, con raras excepciones, dejan de lado todos los aspectos conceptuales que hacen a la búsqueda de interpretación para esta teoría.

Volvamos ahora a la pregunta inicial. ¿Qué necesidad hay de divulgar la física cuántica? ¿Por qué considero importante que una parte significativa de la población tenga algún conocimiento de la física cuántica? La misma estudia sistemas físicos que están muy alejados de nuestra percepción sensorial. Esto significa que el comportamiento de tales sistemas no interviene, al menos directamente, en el quehacer diario del ser humano. Para justificar la ciencia básica y su divulgación se recurre a menudo a las consecuencias tecnológicas que aquella tiene. En el caso de la mecánica cuántica, la lista es imponente. La mecánica cuántica ha permitido el desarrollo de materiales semiconductores para la fabricación de componentes electrónicos cada vez más pequeños y eficaces, usados en radios, televisores, computadoras y otros innumerables aparatos. La mecánica cuántica ha permitido un mejor conocimiento del núcleo de los átomos abriendo el campo para sus múltiples aplicaciones en medicina y generación de energía eléctrica. La mecánica cuántica ha permitido conocer mejor el comportamiento de los átomos y moléculas, hecho de enorme importancia para la química. Las futuras aplicaciones de la superconductividad, fenómeno cuyo estudio es imposible sin la mecánica cuántica, sobrepasarán toda imaginación. Así podemos continuar alabando a esta ciencia básica por sus consecuencias tecnológicas y justificar su divulgación diciendo que el pueblo debe conocer a tan magnánimo benefactor. Pero, ¡cuidado! La radio y la televisión son excelentes medios, pero el contenido de sus emisiones no siempre honra al ser humano y a menudo lo insulta y estupidiza. Las computadoras son excelentes herramientas, pero ¿hacen al ser humano más libre? Sí, las centrales nucleares..., pero ¿y Chernobyl? La química..., ¿y Seveso? No es necesario mencionar la monstruosa estupidez de las armas químicas, nucleares y convencionales, para poner en duda si la tecnología generada por la ciencia ha sido una bendición para la humanidad. No es mi intención analizar aquí si la ciencia básica es o no es responsable de las consecuencias de la tecnología que generó. Baste con aclarar que la tecnología no es una buena justificación para la ciencia, porque los mismos argumentos que pretenden demostrar que la ciencia es "buena" pueden utilizarse para probar lo contrario. Considero que pretender justificar la ciencia básica es un falso problema desde que la ciencia no puede no-existir, pues surge de una curiosidad intrínseca al ser humano. Justificar algo significa exponer los motivos por los cuales se han tomado las decisiones para crear o generar lo que se está justificando. No se puede justificar la ciencia, porque ésta no surge de un acto volitivo en el que se decide crearla, sino que aparece como la manifestación social ineludible de una característica individual del ser humano. Es evidentemente cierto que la ciencia puede ser desarrollada con mayor o menor intensidad mediante la asignación de recursos a la educación e investigación, pero su creación o su destrucción requerirían la creación o destrucción de la curiosidad y del pensamiento mismo. El ser humano no tiene la libertad de no pensar, cosa necesaria para que la ciencia no exista. Por esto, los múltiples intentos autoritarios de oponerse a la ciencia cuando ésta contradecía al dogma han fracasado en su meta principal de aniquilar el conocimiento, aunque sí han producido graves daños frenando su desarrollo.

¿Por qué entonces divulgar la física cuántica? La mecánica cuántica es una de las grandes revoluciones intelectuales que no se limita a un mayor conocimiento de las leyes naturales. Un conocimiento básico de esta revolución debería formar parte del bagaje cultural de la población al igual que la psicología, la literatura o la economía política; y esto no solamente por razones de curiosidad o de cultura general, sino también porque este conocimiento puede tener repercusiones insospechadas en otros campos de la actividad intelectual. De hecho, un fenómeno fascinante de la historia de la cultura es que las revoluciones culturales y las líneas de pensamiento tienen sus paralelos en diferentes aspectos de la cultura. Existen similitudes estructurales entre las revoluciones artísticas, científicas y filosóficas. Por ejemplo, Richard Wagner libera la composición musical de los sistemas de referencia representados por las escalas, en la misma forma en que Einstein libera las leyes naturales de los sistemas de referencia espaciales, requiriendo que las mismas sean invariantes ante transformaciones de coordenadas. La teoría de campos cuánticos es una teoría filosóficamente materialista al establecer que las fuerzas e interacciones no son otra cosa que el intercambio de partículas. El estructuralismo de los antropólogos y lingüistas no es otra cosa que la teoría de grupos de los matemáticos, que también hizo furor en la física de los años sesenta y setenta. La música de Anton Webern podría ser llamada música cuántica. Si bien resulta improbable que haya una causalidad directa entre estas ideas y movimientos, es difícil creer que las similitudes se deban exclusivamente al azar. Cualquiera sea el motivo para estas correlaciones, el conocimiento de la revolución cuántica, que no ha concluido aún, puede revelar aspectos y estructuras ocultos en otros terrenos del quehacer cultural.

Una consecuencia interesante de divulgar la mecánica cuántica es la de conectar al ser humano con su historia presente. Quizás ignoramos las principales características del momento histórico que estamos viviendo porque se hallan veladas por las múltiples cuestiones cotidianas que llenan los espacios de los medios de difusión. Cuando hoy pensamos en la Edad Media, se nos presentan como elementos característicos las catedrales góticas, las cruzadas y muchos otros hechos distintivos. El Renacimiento nos recuerda el colorido de la pintura italiana de la época. La historia barroca está signada por las fugas de Bach. Sin embargo, el hombre que vivió en tales periodos históricos no era consciente de la pintura del Renacimiento ni de la música barroca, ya que probablemente estaba preocupado por la cosecha de ese año o por el peligro de conflicto entre el príncipe de su condado y el príncipe vecino, o por los bandidos que acechaban en el bosque. Nadie sabe con certeza cuáles serán las características determinantes de nuestra época. Sin duda, no lo serán las noticias que aparecen todos los días en las primeras páginas de los diarios. Pero podemos afirmar que la ciencia será una de ellas y, entre las ciencias, la mecánica cuántica jugará un papel importante, ya que sobran los datos que indican que una nueva revolución cuántica se está perfilando. Esta divulgación pretende, entonces, conectar al hombre contemporáneo con algo que el futuro señalará como un evento característico de nuestra historia.

Quizá la motivación más importante para divulgar la teoría cuántica es el placer estético que brinda el conocimiento en sí, sin justificativos. Esa necesidad que tiene el ser humano de aprender y comprender. Esa curiosidad científica que está en la base de todo conocimiento. El amor al conocimiento es, sin duda, la motivación fundamental.

La meta principal que se quiere alcanzar con este libro es la divulgación de la mecánica cuántica. Sin embargo, en ella participan conceptos que han sido heredados de la mecánica clásica y, aunque ambas se contradicen en lo esencial, comparten muchas estructuras matemáticas y conceptos. Es por esto que el lector encontrará aquí numerosas ideas y conceptos que se originan en la física clásica pero que serán necesarios para una presentación comprensible de la mecánica cuántica. Valga la aclaración para que el lector no se desilusione si no encuentra en las primeras páginas a los electrones, átomos y demás sistemas esencialmente cuánticos.

Existen numerosos libros de divulgación de la física cuántica de muy variada calidad. Éste pretende diferenciarse de todos ellos por no asumir un enfoque histórico del tema, presentando en forma comprensible los conceptos actuales, sin invocar los tortuosos caminos que han llevado al conocimiento que hoy tenemos del fenómeno cuántico. Tal enfoque es ventajoso porque, contrariamente a lo que sucede con la teoría de la relatividad de Einstein, la historia de la mecánica cuántica no ha concluido aún. A lo largo de su desarrollo, la física cuántica ha penetrado en varios callejones sin salida y en caminos pantanosos sin meta cierta que le han dejado numerosos conceptos poco claros (en el mejor de los casos). La no existencia de una interpretación universalmente aceptada, a pesar de los formidables logros de su formalismo, indica que la física cuántica está aún en ebullición. La decisión de hacer un enfoque conceptual y no histórico permite excluir largos discursos sobre ondas y partículas, radiación del cuerpo negro, átomo de Bohr, funciones de ondas, difracción de materia y otros temas comunes a todos los libros de divulgación con enfoque histórico, y, en cierta forma, se puede considerar a éste como complementario (en el buen sentido de la palabra) de aquéllos.

Nuestro plan es el siguiente: en el próximo capítulo se definirá el sistema físico, motivo de estudio de toda teoría física, y se verá la estructura general de las mismas: formalismo e interpretación.

El comportamiento de los sistemas cuánticos es difícil de comprender si pretendemos hacerlo basándonos en nuestra intuición. Ante la confrontación entre la mecánica cuántica y la intuición se presentan dos alternativas: abandonamos la teoría cuántica o educamos y modificamos nuestra intuición. Evidentemente elegimos la segunda. Por este motivo, después de haber presentado los observables básicos de los sistemas físicos y de clasificar a éstos, se pondrá énfasis en preparar al lector, en el tercer capítulo, para que pueda poner en duda la acostumbrada infalibilidad de la intuición. Lograda esta meta, podrá apreciar la belleza escondida en el comportamiento de los sistemas cuánticos y gozará del vértigo que producen las osadas ideas que aparecen en la teoría cuántica.

Un premio Nobel en física expresó en una oportunidad estar viviendo una época fascinante en la historia de la cultura porque un cuestionamiento filosófico básico podría ser resuelto en un laboratorio de física. Otro físico acuñó la denominación de "filosofía experimental" para referirse a tales experimentos. Posiblemente dichas afirmaciones sean algo exageradas, pero es innegable que el debate de la mecánica cuántica y ciertos debates filosóficos se han fundido esta vez en el terreno de la física y no, como antes, en el de la filosofía. Por este motivo se presentan en el capítulo IV los conceptos filosóficos relevantes para la teoría cuántica.

El lector que no haya perdido la paciencia encontrará en el quinto capítulo las características esenciales de la teoría cuántica. En el sexto, la misma será aplicada en la descripción de algunos sistemas cuánticos simples, donde se podrán apreciar sus virtudes y el éxito con que esta misteriosa teoría describe la realidad.

Desafortunadamente, tendrá el lector en el capítulo séptimo motivos para ver empañada la admiración por la teoría al constatar algunas de las graves dificultades que la aquejan debido a la ausencia de una interpretación de la mecánica cuántica. De uno de los argumentos relacionados con los fundamentos de la física cuántica más importantes del siglo, el argumento de Einstein, Podolsky y Rosen, surgen varias alternativas de interpretación que serán estudiadas en el capítulo octavo. Finalmente algunas expectativas para el futuro del debate cuántico se presentan en el capítulo IX.

Concluyo esta primera parte, que no quise llamar "introducción" ni mucho menos "prólogo" para evitar que sea salteado, aclarando que los términos física cuántica, teoría cuántica y mecánica cuántica pueden ser considerados sinónimos y, aunque prefiero el primero, el tercero es el más usual y será por ello el más frecuente. Finalmente, deseo agradecer a Olga Dragún y Jorge Testoni, quienes me sugirieron emprender esta obra, y a Gabriela Tenner, que depuró y mejoró el texto original. La frase usual referente a la responsabilidad por errores y omisiones es también válida aquí.

II. Sistemas físicos. Estructura de las teorías físicas: formalismo e interpretación

AUNQUE CON SEGURIDAD el lector tiene un concepto intuitivo de lo que es un sistema físico, conviene partir de una definición precisa, porque de su análisis surgirán algunos elementos importantes. Dejando para más adelante la cuestión de la existencia del mundo externo a nuestra conciencia y suponiendo que algo externo a nosotros, a lo que llamamos "la realidad", existe, podemos definir el sistema físico como una abstracción de la realidad que se hace al seleccionar de la misma algunos observables relevantes. El sistema físico está compuesto, entonces, por un conjunto de observables que se eligen en forma algo arbitraria.

Aclaremos esta definición con un ejemplo. Tomemos una piedra. La simple observación revela que la realidad de la piedra es muy compleja: posee una forma propia; su superficie tiene una textura particular; su peso nos indica una cantidad de materia; notamos que su temperatura depende de su reciente interacción con su medio ambiente; puede estar ubicada en diferentes lugares y

17

moverse y rotar con diferentes velocidades; su composición química es muy compleja, conteniendo un gran número de elementos, entre los cuales el silicio es el más abundante; un análisis microscópico revelará que está formada por muchos dominios pequeñísimos en cuyo interior los átomos integran una red cristalina regular; la piedra puede esconder algún insecto petrificado desde hace muchos millones de años; hasta llegar a nuestras manos, ha tenido una historia que le ha dejado trazas; aunque sea altamente dudoso, ninguna observación o razonamiento nos permite afirmar con certeza que la piedra no tenga conciencia de su propia existencia; etc. Vemos que la realidad de la "simple" piedra es muy compleja, con muchas características que participan, sin prioridades, en la misma. Sin embargo, cuando un físico estudia la caída libre de los cuerpos y toma dicha piedra como ejemplo, de toda esa compleja realidad selecciona solamente su posición y velocidad. Así, el físico ha definido un sistema físico simple. Las demás características han sido declaradas irrelevantes para el comportamiento físico del sistema, si bien algunas pueden ser incluidas en él según las necesidades. Por ejemplo, podemos incluir la forma y rugosidad de la superficie de la piedra si deseamos estudiar la fricción con el aire durante la caída, pero se supone que la historia de la piedra no afectará dicha acción.

El ejemplo presentado pone en evidencia que es un error identificar el sistema físico con la realidad; nuestros sentidos nos informan rápidamente de ello, porque percibimos que la piedra es algo más que su posición. La percepción sensorial nos protege. Sin embargo, los sistemas físicos que se estudian con la mecánica cuántica no tienen un contacto directo con nuestros sentidos y dicha protección es desactivada. Nos equivocaríamos si afirmásemos que el sistema físico compuesto por un átomo de hidrógeno o un electrón abarca necesariamente a la totalidad de la realidad de los mismos. No podemos estar seguros de no haber omitido en nuestra selección del sistema físico alguna propiedad relevante de la realidad que aún no se ha manifestado a nuestro estudio o que nunca lo hará. Estas consideraciones son importantes para concebir la posibilidad de ciertas interpretaciones de la mecánica cuántica, donde dichas propiedades, relevantes pero no conocidas (o no conocibles), llevan el nombre de "variables ocultas", sobre las que trataremos más adelante.

El concepto de "observable" que aparece en la definición de sistema físico intervendrá en numerosas ocasiones en este libro. Como su nombre lo indica, un observable es una cualidad susceptible de ser observada. Pero en física es necesario ser un poco más preciso: un observable es una cualidad de la realidad *para la cual* existe un procedimiento experimental, la medición, cuyo resultado puede ser expresado por un número. Esta definición es suficientemente amplia para abarcar a todos los observables que participan en los sistemas físicos, pero excluye muchas cualidades que en otros contextos pueden ser calificadas como observables. Por ejemplo, algún color en un cuadro de Botticelli es "observable" porque existen formas de caracterizarlo mediante ciertos números, tales como las intensidades y frecuencias de la luz absorbida o reflejada, pero la belleza del "Nacimiento de la Primavera" de Botticelli no sería observable. El sonido que surge de un Stradivarius es observable en el sentido del físico, pero la emoción que este sonido transmite no lo es (excepto si decidimos medir la emoción por los mililitros de lágrimas que alguna sonata hace segregar). ¡No confundamos! Esto no significa de ninguna manera que el físico sea insensible a la belleza o que no sienta emociones. Al contrario, es posible demostrar que justamente la búsqueda de belleza y armonía ha sido uno de los principales motores en la generación de nuevos conocimientos en la historia de la física. R. Feynman nos recuerda que puede haber tanta belleza en la descripción que un físico hace de las reacciones nucleares en el Sol como la que hay en la descripción que un poeta hace de una puesta de ese mismo Sol.

Los observables de un sistema físico serán designados en este texto por alguna letra A, B, etc. Consideremos un observable cualquiera A y supongamos que se ha realizado el experimento correspondiente para observarlo, el cual tuvo como resultado un número que designamos por a. El observable A tiene asignado el valor a, evento que será simbolizado por $A = a$ y que será denominado una "propiedad del sistema". Tomemos por ejemplo una partícula que se mueve a lo largo de una recta (un caminante en una calle). Para este sistema físico simple, la posición relativa a algún punto elegido como referencia es un observable que podemos designar con X. Una propiedad de este sistema físico es $X = 5$ *metros*, que significa que la posición de la partícula es de 5 metros desde el origen elegido. Del mismo modo, si V es el observable correspondiente a la velocidad de la partícula, una propiedad puede ser $V = 8$ *metros por segundo*. El lector puede asombrarse de que se necesite tanta precisión para decir cosas más o menos triviales como que la posición es tal y que la velocidad es cual, pero veremos más adelante que esto no es en vano. Resumimos:

El *sistema físico* está definido por un conjunto de *observables* A, B, C,... Para cada uno de ellos se define un conjunto de *propiedades* $A = a1$, $A = a2$, $A = a3$, ...$B = b1$, $B = b2$..., que representan los posibles resultados de la observación experimental de los mismos.

Se ha dicho anteriormente que el sistema físico no es más que una abstracción de la realidad y, por lo tanto, uno y otra no deben ser confundidos. Sin embargo, una de las características fascinantes de la física consiste en que esta mera aproximación brinda una perspectiva sumamente interesante de la realidad que puede ser estudiada en detalle con teorías físicas hasta revelar sus secretos más profundos. Por un lado debemos ser modestos y recordar que el físico sólo estudia una parte, una perspectiva de la realidad, pero, por otro lado, podemos estar orgullosos del formidable avance que dicho estudio ha posibilitado en el conocimiento de las estructuras íntimas del mundo externo a nuestra conciencia al que llamamos realidad.

El estudio de los sistemas físicos se hace por medio de teorías físicas cuya estructura analizaremos. Pero antes vale la pena mencionar que tales teorías permiten hacer predicciones sobre el comportamiento de los sistemas físicos, y que pueden ser contrastadas mediante experimentos hechos en la realidad. Como en la historia de la física los experimentos no siempre han confirmado las predicciones hechas por las teorías físicas, esto ha motivado modificaciones en las mismas o la inclusión de nuevos observables en los sistemas físicos. A su vez, las nuevas teorías físicas permitieron nuevas predicciones que requerían nuevos experimentos, acelerando una espiral vertiginosa donde el conocimiento físico aumenta exponencialmente. Al intrincado juego entre la teoría y el experimento, en el que el conocimiento genera más conocimiento, se alude cuando se dice que el método de la física es teórico-experimental. Esto que hoy nos parece elemental no lo fue siempre en la historia de la física, ya que el método teórico-experimental comenzó a aplicarse recién a principios del siglo XVII, en esa maravillosa época de Kepler, Galileo, Descartes, Pascal, Shakespeare y Cervantes, en que la cultura comenzó a acelerarse vertiginosamente. Hasta entonces, y desde la Grecia antigua, la física había sido puramente especulativa y estaba plagada de argumentos teológicos y de prejuicios que estancaron su avance. Experimentos tan sencillos como el de la caída de los cuerpos, al alcance de cualquiera, fueron realizados en forma sistemática sólo en 1600, rompiendo el prejuicio intuitivo que sugiere que lo más pesado cae más rápido. (Hoy, casi cuatro siglos después, mucha gente de elevado nivel cultural comparte aún dicho prejuicio. De este hecho asombroso se pueden sacar conclusiones interesantes sobre la deficiente formación en física de la población y su incapacidad para observar el fenómeno cotidiano con una visión de físico.)

Todas las teorías físicas constan de dos partes, a saber: formalismo e interpretación. Es importante mencionar esto porque, como veremos más adelante, la mecánica cuántica es una teoría que tiene un excelente formalismo, pero carece de una interpretación universalmente aceptada.

Para comprender bien el significado de estas partes consideremos, por ejemplo, el sistema físico correspondiente al movimiento de un cuerpo sometido a ciertas fuerzas conocidas. Nuestra percepción sensorial nos indica algunos conceptos básicos que participarán en el sistema físico: la posición del cuerpo, su movimiento o velocidad y aceleración, la cantidad de materia del cuerpo, y también incluimos un concepto más o menos intuitivo de lo que es la fuerza. Estos conceptos básicos son bastante imprecisos, pero, a pesar de ello, los combinamos en relaciones conceptuales que tienen originalmente una forma verbal y corresponden a prejuicios, intuiciones y observaciones cualitativas que se revelarán algunas correctas y otras falsas, tales como: "para mantener un cuerpo en movimiento es necesario aplicarle una fuerza" (falso) o "a mayor fuerza, mayor aceleración" (correcto). Rápidamente se encuentran las limitaciones que implica una formulación verbal de estas relaciones conceptuales: imprecisión, imposibilidad de comprobar su validez por medio de experimentos cuantitativos, ambigüedad en el significado, etc. Aparece la necesidad de formalizar, o sea de matematizar, la teoría. Para ello se asocia a cada concepto básico un símbolo matemático, el cual representa los posibles valores numéricos que se le asignan según el resultado de un procedimiento experimental de medición. Por ejemplo, a la cantidad de materia se le asigna el símbolo m cuyo valor se obtiene con una balanza comparando el cuerpo en cuestión con otros cuerpos definidos convencionalmente como patrones de medida. Con estos símbolos, las relaciones conceptuales se transforman en ecuaciones matemáticas que pueden ser manipuladas con el formidable aparato matemático a nuestra disposición. Dichas manipulaciones sugieren crear nuevos conceptos, compuestos a partir de los conceptos básicos, para interpretar las nuevas ecuaciones obtenidas. La teoría ha adquirido un formalismo. En nuestro ejemplo, masa, posición, velocidad, aceleración y fuerza, son representadas por m, x, v, a, f, respectivamente y relacionadas entre sí por ecuaciones del tipo $f = ma$. En dichas ecuaciones aparecen a menudo las cantidades mv y $mv^2/2$, lo que sugiere interpretarlas asignándoles el concepto de impulso y energía cinética. En una dirección, los conceptos son *formalizados* cuando se les asigna un símbolo matemático, y en otra, los símbolos matemáticos son *interpretados* al asignárseles un significado que corresponde a alguna característica del sistema físico. El conjunto formado por los símbolos y las relaciones matemáticas que los combinan constituye el *formalismo* de la teoría, y los conceptos que le dan significado a todos los símbolos son la *interpretación* de la misma.

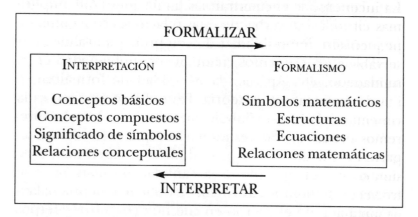

La mecánica cuántica ocupa un lugar único en la historia de la física por tener un formalismo perfectamente definido que ha resultado extremadamente exitoso para predecir el comportamiento de sistemas físicos tan variados como partículas elementales, núcleos, átomos, moléculas, sólidos cristalinos, semiconductores y superconductores, etc., pero, a pesar de los serios esfuerzos hechos durante más de medio siglo por científicos de indudable capacidad tales como Bohr, Heisenberg, Einstein, Planck, De Broglie, Schrödinger y muchos otros, no se ha logrado aún que todos los símbolos que aparezcan en el formalismo tengan una interpretación sin ambigüedades y universalmente aceptada por la comunidad científica. En capítulos posteriores se presentarán algunos aspectos del formalismo de la mecánica cuántica y los graves problemas de interpretación que la aquejan. Como ejemplo del éxito de dicho formalismo para predecir los resultados experimentales mencionaremos aquí su broche de oro. La mecánica cuántica, en una versión relativista llamada electrodinámica cuántica, permite calcular el momento magnético del electrón con la precisión suficiente para confirmar el valor experimental dado por $\mu = 1.001\,159\,652\,193\ \mu_B$. La incertidumbre experimental es de 10 en las dos últimas cifras. El electrón puede ser considerado como un pequeñísimo imán, siendo el momento magnético el observable asociado a esa propiedad, y al que se mide en las unidades expresadas por μ_B o magnetón de Bohr. Para ilustrar la asombrosa precisión en el valor teórico y experimental del momento magnético del electrón, consideremos que el mismo es conocido con un error de una parte en 10^{10}, o sea uno en $10\,000$ millones. Esta precisión correspondería, en un censo de una población cuatro veces mayor que la población de la Tierra, a un error de un individuo en el resultado. Ninguna teoría en la historia de la ciencia ha sido confirmada con tal precisión numérica. Sin embargo, a pesar de dicho éxito, la mecánica cuántica no puede considerarse como definitivamente satisfactoria mientras de ella no se obtenga una interpretación que permita comprender todas las partes esenciales de su formalismo. Seguramente estamos haciendo algo bien, pero no sabemos qué es.

III. Observables cinemáticos y dinámicos. En física hay acción y energía. Clasificación de los sistemas físicos y los límites de la intuición

HASTA AHORA los observables del sistema físico y las propiedades asociadas habían sido presentados en forma abstracta. En este capítulo se hará hincapié en un conjunto de observables de gran importancia para la descripción de los sistemas físicos. Éstos son: las coordenadas generalizadas, los impulsos canónicos, la energía y la acción. A continuación se definirán escalas características para todos los sistemas físicos, lo que permitirá establecer una clasificación de los mismos y así definir los rangos de aplicación de las diferentes teorías físicas disponibles para su estudio. En este contexto es fundamental determinar los límites de validez de nuestra intuición cuando se la aplica a los sistemas físicos.

El concepto de ubicación de los objetos en el espacio es formalizado en los sistemas físicos con el observable de posición X al que se le asignan valores que corresponden a la distancia del objeto a ciertos puntos o ejes elegidos convencionalmente, y que recibe el nombre de "coordenada". Ya hemos mencionado que la coordenada X caracteriza la posición de una partícula que se mueve a lo largo de una línea (un caminante en una calle) y que puede tomar diferentes valores $(X = 5$ m, por ejemplo). Para caracterizar una partícula que se mueve sobre un plano (un caminante en una ciudad) es necesario fijar dos coordenadas X, Y, y si la partícula se mueve en el espacio de tres dimensiones serán necesarias tres coordenadas X, Y, Z. Si el sistema físico tiene dos partículas, las coordenadas se duplicarán, y si tenemos, por ejemplo, 8 partículas que se mueven en tres dimensiones, serán necesarias $3 \times 8 = 24$ coordenadas. El número de coordenadas necesarias para fijar exactamente la ubicación de un sistema físico equivale a "los grados de libertad" del mismo.

En los ejemplos anteriores, las coordenadas eran distancias a puntos o ejes. Para ciertos sistemas físicos es conveniente elegir coordenadas que corresponden a ángulos que fijan direcciones, referidas a una dirección dada. El estado de una veleta que indica la dirección del viento se caracterizará más naturalmente con un ángulo. Lo mismo sucede con la posición de una calesita y, en general, con todo sistema físico donde la rotación sea relevante.

Se denomina con el nombre de *coordenadas generalizadas* a los observables (distancias, ángulos o lo que sea) elegidos para determinar sin ambigüedad la ubicación o localización del sistema físico. A dichos observables los designaremos con las letras $Q_1, Q_2, Q_a, ... Q_k$.

Nuestra experiencia nos indica que los valores asociados a las coordenadas varían con el tiempo. Si para una partícula en movimiento a lo largo de una línea tenemos en un instante la propiedad $X = 5$ m, en algún instante posterior podemos tener la propiedad $X = 8$ m. Esto significa que, asociado a cada coordenada, podemos definir otro observable: la velocidad con que cambia el valor asignado a la coordenada. Por ejemplo, si V es dicho observable, el sistema físico definido puede tener la propiedad $V = 2$ *metros por segundo*. Si la coordenada en cuestión es un ángulo, la velocidad asociada será una velocidad angular de rotación. La velocidad es una cantidad esencialmente cinemática, pues se refiere a la descripción espacio-temporal del movimiento. El formalismo de la mecánica clásica nos ha enseñando que la velocidad asociada a una coordenada es relevante, pero mucho más lo es una cantidad que depende de la velocidad y también de la cantidad de materia que se encuentra en movimiento. No es lo mismo un mosquito que avanza a 60 km/h que una locomotora a esa velocidad. Se define entonces al *impulso* como el producto de la velocidad por la masa $P = mV$. Ésta es una cantidad dinámica —vinculada a las causas que originan el movimiento—, cuyo valor se conserva cuando ninguna fuerza actúa y cuyo cambio temporal depende de la fuerza aplicada en la dirección indicada por la coordenada. Si la coordenada es un ángulo, el impulso asociado será la velocidad angular multiplicada por una cantidad que indica la inercia o resistencia que opone el cuerpo a ser rotado con mayor velocidad. Generalizamos esto diciendo que, para cada coordenada generalizada, se define una cantidad dinámica llamada *impulso canónico*, que designamos por las letras P_1, P_2, P_a,...P_k, y que está relacionado con la velocidad y con la inercia o resistencia que el sistema opone a los cambios de dicha velocidad.

Las coordenadas generalizadas Q_1, Q_2, Q_a,...Q_k, y los impulsos canónicos correspondientes P_1 P_2, P_a,...P_k, son observables que participan en la descripción de la cinemática y dinámica del sistema físico.

La meta de la mecánica clásica es determinar cómo varían con el tiempo las propiedades asociadas a todas las coordenadas e impulsos simultáneamente. Para plantear las ecuaciones matemáticas que permiten alcanzar dicha meta es de gran utilidad definir dos cantidades que dependen de todas las coordenadas e impulsos del sistema físico, a saber: la energía y la acción. Ambas cantidades también son importantes en nuestro caso, a pesar de que, como veremos más adelante, la meta planteada para la mecánica clásica sería inalcanzable para la mecánica cuántica.

Todo cuerpo en movimiento posee una cantidad de energía debida al mismo movimiento, que se denomina "energía cinética". Cuando un cuerpo choca contra algún objeto y se detiene, libera su energía cinética, la cual queda de manifiesto en los daños y deformaciones producidos. Dicha energía puede ser incrementada por la acción de una fuerza, que efectúa un trabajo y aumenta la velocidad del cuerpo. Si no se aplica ninguna fuerza, la energía cinética, al igual que el impulso, mantiene su valor constante. En general, la energía cinética se expresa matemáticamente como una función que depende de todas las velocidades asociadas a todas las coordenadas generalizadas. Más adecuado es expresarla como función de los impulsos canónicos.

Además de la energía cinética o de movimiento, que es fácil de imaginar, existe otra forma de energía algo más abstracta que llamamos "energía potencial". Es la energía, aún no realizada, que existe en las fuerzas aplicadas al cuerpo y que eventualmente se transformará en energía cinética.

Para ilustrar la relación entre estas dos formas de energía, consideremos un péndulo que oscila subiendo y bajando por la acción de su peso, es decir, de la fuerza de gravedad. Recordemos nuestra infancia, cuando nos hamacábamos en el parque dominando con maestría ese sistema físico que es el péndulo. Al punto más bajo del péndulo corresponde la máxima velocidad. Por lo tanto, la energía cinética es máxima. En este punto, la fuerza, o sea el peso, es perpendicular al movimiento y no puede producirle ningún cambio en su valor. Allí comenzamos a elevarnos, "cargando" de energía potencial a la fuerza de atracción de la Tierra y disminuyendo la energía cinética. Esto continúa hasta llegar al punto más alto del péndulo, donde el movimiento se detiene; la energía cinética se ha transformado en su totalidad en potencial, la que nuevamente comenzará a transformarse en cinética al iniciar la caída con velocidad creciente. En el péndulo, la energía va cambiando en forma periódica entre cinética y potencial, permaneciendo la suma de ambas constante en todo el proceso. La energía potencial, que en este ejemplo está asociada a la coordenada "altura", será, en general, dependiente de todas las coordenadas del sistema físico.

El concepto de energía se formaliza en la mecánica clásica por la función llamada hamiltoneano, que se obtiene sumando la energía cinética más la potencial asociada a todas las coordenadas generalizadas e impulsos canónicos del sistema físico. A partir de esta función se obtienen en la mecánica clásica las ecuaciones llamadas "de Hamilton", que determinan el comportamiento temporal de todas las posiciones e impulsos, relacionando las variaciones temporales de las mismas con la variaciones del hamiltoneano con respecto a las coordenadas e impulsos. En otras palabras, el conocimiento del hamiltoneano nos permite alcanzar la meta planteada para la mecánica clásica.

Por lo visto, la energía juega un papel de fundamental importancia en la física. Los físicos se sienten ultrajados cuando ese bellísimo concepto es manoseado y desvirtuado por pseudocientíficos que lo adoptan para darle algún brillo a sus charlatanerías robando el prestigio que el mismo tiene en la física. Cuando se habla de la energía de las pirámides, cuando se la aplica a la parapsicología, astrología, telequinesis y otros innumerables esoterismos y engaños que se alimentan de la ignorancia de la población, los físicos añoramos la ausencia de leyes que penalicen el "ejercicio ilegal de la física".

El otro concepto que determina la dinámica de los sistemas físicos es el de la acción. Esta cantidad puede expresarse en varias formas equivalentes que involucran una evolución temporal o espacial del sistema. Entre la energía y la acción existe una diferencia importante. La energía se puede expresar como una función generalizada de todas las coordenadas y de sus impulsos canónicos correspondientes en cualquier instante. Recordemos que el impulso canónico asociado a una coordenada es la variable dinámica relacionada a la "velocidad" de variación de la coordenada en cuestión y a la resistencia al cambio en la misma. La acción no depende del valor instantáneo que toman las coordenadas y los impulsos, sino que, por el contrario, depende de todos los valores que éstos toman durante un proceso de evolución del sistema que puede estar definido entre dos instantes dados. La acción es, entonces, una cantidad global, característica de la evolución temporal y espacial del sistema y no del estado instantáneo y local del mismo. No se dará aquí la expresión matemática para la acción, porque no será necesaria para las metas de esta obra. Solamente es importante resaltar que cada coordenada Q_k con su impulso canónico asociado P_k contribuye a la acción en una cantidad que podemos aproximar mediante el producto de la "distancia" ΔQ_k recorrida por el sistema en su evolución por el impulso medio $<P_k>$. Además de estas contribuciones, la energía del sistema contribuye en una cantidad que también podemos aproximar mediante el producto del tiempo ΔT de evolución por la energía promedio. Para alcanzar la meta de la física clásica, que, como ya se mencionó, es obtener la dependencia temporal del valor de todas las coordenadas e impulsos, a partir de la acción, es necesario postular el famoso principio de mínima acción (principio de Hamilton), el cual establece que las coordenadas e impulsos como funciones del tiempo, $Q_k^{(t)}$ y $P_k^{(t)}$, serán tales que la acción adquiera un valor mínimo.

A menudo, físicos y matemáticos utilizan palabras que tienen asignado un significado usual en el lenguaje común para nombrar conceptos con significados precisos en sus teorías. No necesariamente ambos significados son compatibles, lo que puede generar confusión. Por ejemplo, a los *quarks*, partículas elementales que forman los protones, neutrones y otras partículas, se les asignan ciertas propiedades llamadas "color" y "sabor" que, evidentemente, nada tienen en común con el sabor y color de una fruta. Los matemáticos hablan de números "naturales", que no son ni más ni menos naturales que los otros. Los números "reales" no son atributos de reyes ni tienen más realidad que los "complejos", los cuales, a su vez, no son más complicados que los demás. La palabra "acción" tiene un significado bastante claro en el lenguaje común y es natural preguntarse si dicho significado es compatible con el concepto físico que nombra. Resulta que el nombre es bastante adecuado porque, también en física, designa la capacidad que el sistema tiene de modificar su entorno y de interactuar con otros sistemas físicos. Un sistema físico caracterizado en su evolución por un valor grande de acción puede modificar fuertemente a otros de pequeño valor sin sufrir grandes alteraciones. El juego de tenis es posible porque los jugadores están caracterizados por valores de acción muy grandes comparados con el de la pelota. (Los electrones se repelen porque tienen cargas eléctricas de igual signo, pero también podemos decir que lo hacen porque pretenden jugar al tenis con fotones. El juego no dura mucho tiempo porque, al ser la acción de los "jugadores" equiparable a la acción de la "pelota", aquéllos son repelidos.)

La energía total (cinética más potencial) o la acción fijan la dinámica de los sistemas físicos. En la mecánica clásica permiten calcular la dependencia temporal de todas las coordenadas generalizadas y de sus impulsos canónicos $Q_k^{(t)} P_k^{(t)}$.

La variedad y el número de sistemas físicos a estudiar es enorme. Es tan grande la variedad y son tan grandes las diferencias entre los sistemas que podemos dudar de que una sola teoría física pueda tratarlos a todos. Para tener una noción de los múltiples sistemas físicos es útil establecer una clasificación de los mismos. Pero ¿con qué criterios? El primero que se presenta es clasificar los sistemas físicos en "pequeños y grandes" o, más precisamente, de acuerdo a una escala espacial X que corresponde a la extensión que el sistema abarca. El sistema físico más extenso que podemos pensar es simplemente todo el universo físico, con una escala espacial de $X = 10^{10}$ años luz ($10^{10} = 10\,000\,000\,000$). Un año luz es la distancia que recorre la luz en un año, $\cong 10^{16}$ metros. Las galaxias, conjuntos de muchos millones de soles, están caracterizadas por una escala espacial de muchos miles de años luz, y al sistema solar le podemos asignar como escala espacial su diámetro, en el orden de los 10^{12} metros. Aquellos sistemas físicos con los que el ser humano establece un contacto directo a través de sus sentidos tienen una escala espacial entre un milímetro y un kilómetro. Por debajo encontramos escalas microscópicas para sistemas biofísicos, y llegamos a las moléculas y átomos con escalas espaciales de 10^{-10} metros, dimensión que lleva el nombre de Angstrom y el símbolo Å ($10^{-10} = 1/10^{10}$). Los núcleos y las partículas elementales están caracterizados por escalas espaciales de 10^{-15} metros (un fermi). Éstos son los sistemas físicos más pequeños hoy conocidos. Con los gigantescos aceleradores de partículas se podrá sondear, a principios del siglo próximo (a partir del año 2001), escalas hasta de 10^{-19} metros.

De la misma forma que nos fue fácil clasificar los sistemas físicos según su tamaño, también es posible hacerlo según una escala temporal T, que corresponde al tiempo típico de evolución, de transformación o de estabilidad de los sistemas físicos. Las partículas elementales y núcleos atómicos tienen tiempos característicos entre 10^{-10}

y 10^{-20} segundos. Las moléculas y átomos se sitúan en una escala temporal entre $T = 10^{-6}$ y $T = 10^{-9}$ segundos. La escala temporal del ser humano y de los objetos de su experiencia sensorial puede situarse entre el segundo y el siglo. Tiempos típicos para el sistema solar serán de un año; para las galaxias, muchos miles de años, y para todo el universo podemos elegir su edad de 10^{10} años.

Hemos clasificado los sistemas físicos según dos conceptos cinemáticos de extensión y rapidez de evolución. Esta clasificación es sencilla pero forzosamente incompleta, porque no contiene información sobre los conceptos dinámicos que, como hemos visto, son importantes para la descripción de los sistemas físicos. Debemos entonces completar nuestros criterios de clasificación con dos escalas dinámicas: el impulso P y la energía E, que corresponden a los valores típicos que se encuentran en los sistemas físicos para estas cantidades.

Contamos, por lo tanto, con cuatro escalas, X, T, P y E para clasificar todos los sistemas físicos. Estas cuatro escalas son claramente suficientes, pero, en cierta forma, redundantes, porque, como veremos a continuación, con sólo dos escalas, deducidas de las anteriores, obtenemos una clasificación completa que pone en evidencia las diferencias esenciales entre los sistemas físicos. Dichas escalas son velocidad y acción. La primera es cinemática y la segunda dinámica.

Un sistema físico con una extensión X y cuyas transformaciones se hacen en un tiempo T estará caracterizado por una velocidad $V \approx X/T$. Esta escala de velocidad se obtiene también combinando el impulso y la energía $V \approx E/P$. Un sistema físico con energía E que evoluciona en un tiempo típico T estará caracterizado por un valor de la acción $A \approx ET$, que también podemos obtener considerando su extensión X y su impulso P: $A \approx XP$. Las relaciones entre las cuatro escalas iniciales (X, T, P, E) y las dos últimas propuestas se ponen en evidencia en la Figura 1.

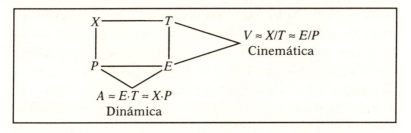

FIGURA 1. *Escala para clasificar los sistemas físicos.*

Si clasificamos todos los sistemas físicos conocidos de acuerdo con las escalas de velocidad y acción, nos enfrentamos con dos leyes fundamentales de la naturaleza a las cuales no se les conoce ninguna excepción.

En ningún sistema físico la materia o la energía se mueve con velocidad superior al valor límite $c \approx 3.10^8$ metros por segundo (velocidad de la luz).

$$V \leq c$$

En la evolución de ningún sistema físico la acción toma un valor inferior al valor límite $\hbar \approx 10^{-34}$ joules por segundo (constante de Planck).

$$A \geq \hbar$$

Estas dos leyes imponen una restricción a los posibles valores de velocidad y acción que pueden realizarse en la naturaleza. Sin embargo, los límites impuestos recién fueron descubiertos en este siglo debido a que: 1) la ve-

35

locidad de la luz es un valor relativamente grande comparado con las velocidades que usualmente percibimos, y 2) la constante de Planck es muy pequeña comparada con la acción de los sistemas accesibles a nuestra percepción sensorial. Las implicancias de estas dos leyes son enormes: la primera fue el punto de partida de la teoría de la relatividad de Einstein y la segunda tiene como consecuencia a la mecánica cuántica.

Para clasificar todos los sistemas físicos según sus escalas de velocidad y acción es conveniente construir un diagrama con dos ejes perpendiculares. En el eje vertical asignamos los valores de la velocidad característica de los sistemas a clasificar y en el eje horizontal los correspondientes a la inversa de la acción: $I = 1/A$, que podemos denominar "inacción". Graficamos la inversa de la acción y no la acción porque la segunda ley, al establecer un límite inferior para ésta, fija un límite superior para aquélla. En la Figura 2 se puede ver dicha construcción, que designamos con el nombre de "diagrama V-I" (velocidad-inacción). En éste, cada sistema físico estará representado por un punto o una pequeña región y las dos leyes fundamentales implican que los mismos se ubicarán dentro de un rectángulo limitado por los ejes y por los valores "c" y "$1/\hbar$".

Es un sueño de los físicos (o un prejuicio) que alguna vez se desarrolle una teoría completa, en el sentido de que contenga en su formalismo una representación para todos los elementos relevantes de la realidad física, y concluida, en el sentido de que todos los aspectos de su formalismo tengan una interpretación clara y sin ambigüedades, y que sea aplicable a todos los sistemas físicos ubicados dentro del rectángulo del diagrama V-I, pudiendo predecir comportamientos que se corroboren experimentalmente. Para completar el sueño podemos pedir, además, que dicha teoría sea de gran belleza, simple y de fácil divulgación.

Tal sueño no se ha realizado aún, pero sí existen buenas aproximaciones a la teoría deseada que son aplicables en ciertas regiones parciales del diagrama *V-I*. Para presentar estas teorías consideremos el rectángulo del diagrama dividido en cuatro regiones que corresponden a velocidades mucho menores que *"c"* o cercanas a ella, y a acciones mucho mayores o cercanas a *"ħ"*. Los límites entre estas cuatro regiones son difusos. Para el análisis y estudio de los sistemas físicos que se ubican en la región inferior izquierda del diagrama *V-I*, o sea, para aquéllos caracterizados por velocidades mucho menores que la velocidad de la luz y por una acción mucho mayor que $ħ$ disponemos de una teoría, la mecánica clásica (MC), que nació con Galileo y Newton en el siglo XVII y se fue perfeccionando hasta adquirir un formalismo de gran belleza y potencia en el siglo XIX. Esta teoría consta, además, de una interpretación clara y sin ambigüedades y, en el siglo pasado, nadie suponía que fracasaría rotundamente cuando se la aplicase a sistemas físicos ubicados fuera de la región marcada por MC en el diagrama. Se pensaba que se había encontrado la teoría definitiva de la física, sin sospechar que el siglo XX traería dos revoluciones científicas que harían tambalear su hegemonía. La mecánica clásica explicaba desde el movimiento de los planetas hasta el comportamiento de los objetos más pequeños accesibles a nuestros sentidos. Con éxito se extendió a sistemas de muchas partículas en la mecánica estadística, termodinámica y mecánica de sistemas continuos como los gases, fluidos y sólidos. Se pensaba que no había más que refinar los métodos de cálculo para explicar el comportamiento de todos los sistemas físicos. Era una época de gran soberbia. Se dijo que conociendo la posición y velocidad de todas las partículas del universo podríamos calcular su posición hasta el fin de los tiempos. Sólo algunos pequeños problemas oponían resistencia: no se podía explicar la distribución de frecuencia (color) de la luz emitida por los cuerpos cuando se calientan y tampoco se podía detectar el incremento en la velocidad de la luz cuando la fuente que la emite se mueve. La solución a estos "pequeños" problemas generaría dos grandes revoluciones: por un lado, la mecánica cuántica y, por el otro, la teoría de la relatividad.

Los sistemas físicos representados en la región marcada por MCR, o sea, aquéllos de acción grande (inacción pequeña) pero velocidades que se acercan a la de la luz, deben ser estudiados con la teoría de la relatividad que denominaremos aquí mecánica clásica relativista (MCR). Los que están caracterizados por acción cercana a $\hbar$ y velocidades pequeñas serán tratados con la mecánica cuántica (MQ), que es la teoría que nos ocupa en esta obra. Finalmente, para los sistemas físicos que requieren un tratamiento cuántico y relativista, disponemos de la mecánica cuántica relativista (MQR) para su estudio.

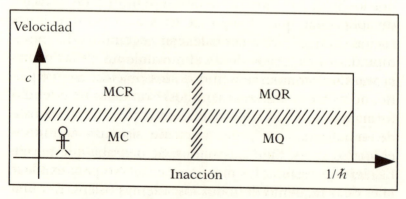

FIGURA 2. *Diagrama velocidad-inacción.*

Considerando el formalismo e interpretación de estas cuatro teorías, encontramos diferencias significativas. Las dos teorías "clásicas", MC y MCR, pueden ser consideradas completas y concluidas por tener un formalismo que abarca todas las propiedades del sistema físico y porque todos los elementos de aquél poseen una interpretación clara y sin ambigüedades. Además, ambas teorías se conectan en forma continua entre sí, porque tanto sus formalismos como sus interpretaciones coinciden en el límite de considerar a la velocidad de la luz "c" tan grande, comparada con las velocidades del sistema físico, que pueda ser tornada infinita. Esto significa que si en cualquier fórmula de la MCR tomamos el limite $c \to \infty$, obtenemos una fórmula válida en MC y, del mismo modo, todos los conceptos de masa, velocidad, aceleración, fuerza, energía, etc., coinciden en dicho límite. Con respecto al rango de validez de ambas teorías se debe aclarar que, si bien la MC no se puede aplicar en la región MCR del diagrama, la MCR sí se puede aplicar en la región MC con resultados correctos. Se puede calcular el lento movimiento del péndulo de un reloj con la MCR, aunque con la MC llegamos más fácilmente a resultados suficientemente precisos para todos los fines prácticos. Lo mismo sucede con los rangos de aplicación de la MQ y de la MC. La MQ es válida en la región de la MC pero no a la inversa, y resulta bastante estúpido, aunque correcto, calcular el péndulo del reloj con la MQ. Contrariamente a lo que sucede entre la MCR y la MC, no existe entre MC y MQ una transición suave para sus formalismos ni para sus interpretaciones. La MQ consta de un bellísimo formalismo, pero éste no se transforma en el formalismo de la MC cuando hacemos el límite $\hbar \to 0$. Es cierto, sin embargo, que las predicciones experimentales de la MQ se conectan con las correspondientes de la MC en dicho límite. Hemos mencionado ya varias veces que la MQ no tiene aún una interpretación definitiva, por lo que no siempre está clara la relación entre el significado de los elementos del formalismo de la MQ con los conceptos de la MC. La MQR es, en principio, aplicable a todos los sistemas físicos del diagrama *V-I*. Sin embargo, esta teoría dista mucho de ser la teoría soñada por los físicos, ya que sus problemas de interpretación son todavía más graves que los de la MQ y, a pesar de los formidables avances hechos en las dos últimas décadas, su formalismo tiene aún serias dificultades matemáticas no resueltas.

Finalizamos la presentación de las diferentes teorías físicas mencionando la ubicación en el diagrama *V-I* del electromagnetismo. Esta teoría estudia los campos eléctricos, magnéticos y las ondas electromagnéticas. Sin embargo, puede considerarse que el sistema físico de estudio que le corresponde es el fotón, partícula de masa cero que se mueve a la velocidad de la luz, lo que ubica esta teoría en la línea superior del diagrama *V-I*. Aunque se lo ignoraba en su origen, el electromagnetismo resultó ser una teoría relativista. Tampoco hemos mencionado la teoría de la relatividad general, necesaria cuando el sistema físico en cuestión posee campos gravitatorios tan intensos que modifican la geometría euclidiana introduciendo una "curvatura" local. En rigor, para introducir esta nueva teoría necesitaríamos una nueva dimensión en el diagrama.

El diagrama *V-I* nos ha permitido clasificar los sistemas físicos y, en particular, definir la MQ fijando su rango de aplicación. Nos ayuda, además, a presentar un argumento de importancia para poder estudiar la MQ. Notemos que en el diagrama se ha ubicado una figura humana en la región MC. Esto significa que todos los sistemas físicos con los que el ser humano interactúa, que son aquellos que van a formar su intuición, son sistemas clásicos. De

hecho, nuestra expectativa, lo que intuitivamente esperamos del comportamiento de los sistemas físicos, se ha
formado, o generado, a partir del contacto que tenemos
a través de nuestra percepción sensorial con sistemas físicos clásicos. Pero sabemos que existen sistemas físicos en
los que la teoría clásica fracasa rotundamente; por lo tanto, no debe asombrarnos demasiado que la propia intuición también fracase cuando pretendemos aplicarla en
tales casos. Debemos entonces estar preparados a tolerar
que el estudio de los sistemas cuánticos o relativistas exi-
ja la aceptación de ciertos conceptos que pueden ser altamente contrarios a nuestra intuición. Por ejemplo, el
contacto con los sistemas clásicos nos ha acostumbrado a
sumar las velocidades como si fueran números: si lan-
zamos una piedra a 20 km/h desde un vehículo que se
mueve a 10 km/h, la velocidad de la piedra relativa al
suelo será 20 + 10 = 30 km/h. Pero si el vehículo se mueve a la mitad de la velocidad de la luz $(0,5c)$ y la piedra es
un fotón que viaja a la velocidad de la luz, nuestra intuición se equivoca al predecir $c + 0,5c = 1,5c$, en violación
de la ley fundamental $V \leq c$. La intuición clásica nos dicta
que las varillas y relojes que usamos para medir distancias y tiempos son invariantes absolutos para todos los
observadores. Sin embargo, la relatividad viola nuestra
intuición clásica al proponer que el largo de las varillas y
el periodo de los relojes varían según la velocidad que éstos tengan. Esta contracción de las distancias y dilatación
del tiempo ha sido confirmada, sin lugar a dudas, en numerosos experimentos. Otro ejemplo: el contacto con

La intuición es clásica por haber sido generada en contacto con sistemas físicos clásicos. El estudio de sistemas
relativistas o cuánticos requiere adoptar algunos conceptos contrarios a la intuición.

sistemas clásicos nos ha acostumbrado a que una piedra está en un lugar o no está allí; en la mecánica cuántica a un electrón se le asigna una probabilidad de estar en cierto lugar que, en algunas ocasiones, no es ni cero (no está) ni uno (sí está), sino algún valor intermedio.

IV. El postulado realista *versus* positivismo. Paréntesis filosófico

Si LE PREGUNTAMOS a una persona elegida al azar si existe el mundo externo, el de los árboles, casas, nubes u otras personas, probablemente nos mire muy extrañada y comience a dudar sobre el estado de salud mental de quien lo interroga. Si insistimos con la pregunta: ¿existe ese árbol?, pasado el asombro y el temor de ser víctima de alguna broma con una cámara oculta, probablemente nos responda: "¡Está claro que sí existe! ¿Acaso no lo estoy viendo? Además lo puedo tocar y hace ruido cuando lo golpeo. Puedo sentir el aroma de sus flores o el gusto de sus frutos. ¡Claro que existe! ¡No pregunte estupideces!", y la persona se alejará molesta por haber perdido su valioso tiempo en semejante pavada. Pero ocurre que responder justificadamente esa "estupidez" es uno de los serios problemas de la filosofía que ha separado a los pensadores en doctrinas irreconciliables, surgidas de adoptar diferentes respuestas a la pregunta de la existencia del mundo externo. Analizaremos en este capítulo dicho problema y presentaremos algunas corrientes filosóficas que de él emanan. Con derecho se preguntará el lector qué tiene que ver este problema filosófico con la mecánica cuántica. Mucho. Las diferentes posturas que se pueden asumir con respecto al problema de la existencia del mundo externo, considerando que el sistema físico y sus propiedades son extraídos de la supuesta realidad del mismo, son de fundamental importancia para intentar desarrollar una interpretación de la mecánica cuántica. Veremos que ciertos intentos implican una toma de posición definida referente al problema filosófico planteado. Quien lo desconozca no podrá apreciar las graves diferencias entre las mencionadas interpretaciones de la mecánica cuántica.

Retomemos los argumentos que la persona consultada dio para "demostrar" la existencia del árbol. Verlo, tocarlo, olerlo, oírlo. Todas estas "pruebas" de la existencia del árbol hacen alusión a la percepción sensorial que se tiene del supuesto árbol. Veremos, sin embargo, que las mismas no demuestran la existencia del árbol, sino que, en el mejor de los casos, sólo demuestran la existencia de la percepción o, más precisamente, de lo que Bertrand Russell llama los datos sensoriales. Cuando afirmo "veo el árbol", lo que yo veo no es el árbol, sino un gran número de rayos de luz que se propagan desde el supuesto árbol hasta mis ojos. "Ver el árbol" no demuestra la existencia del árbol, sino a lo sumo la de esos rayos de luz. En una oscuridad total, ya no vería el árbol, pero supongo que el mismo no deja de existir. O sea que "ver el árbol" no es equivalente a "el árbol existe". Peor aún, "ver" tampoco demuestra la existencia de los rayos de luz, sino, quizá, la de una imagen que se forma en la retina del ojo después de que esos (supuestos) rayos de luz pasan por la córnea y se combinan como en una pantalla de cine. Pero eso tampoco. "Ver" hace alusión a ciertas vibraciones y excitaciones de ciertas células fotosensibles, llamadas conos y bastoncillos, que están en la retina. ¡Pero eso tampoco! Hace alusión a complejas señales eléctricas que se propagan dentro de las células nerviosas del nervio óptico y que se transmiten por reacciones químicas que el autor de este libro ignora, pero sospecha que sus amigos biólogos conocen más o menos bien. Pero, no. Ver es cierta excitación de ciertas células de cierta región de la corteza del cerebro. Pero...

Espero que el lector se encontrará ya totalmente confundido y sin saber, después de todo, qué significa ver. Supongo que está convencido de que "ver el árbol" de ninguna manera demuestra inequívocamente que el árbol existe. Situaciones en las que vemos cosas que probablemente no existen, abundan. En una noche despejada contemplamos las estrellas y confiamos en su existencia; cuando recibimos un golpe en la cabeza vemos estrellas (y las vemos tan bien como a las otras, pues las producen similares excitaciones de los conos y bastoncillos causadas por la conmoción) pero creemos que no existen. ¿En un caso "ver" demostraría la existencia de algo, pero en el otro no? ¿Existen las cosas que vemos en sueños? ¿Existe el arco iris como un objeto que podemos tocar y hacer sonar?

Si "ver" no es prueba de la existencia de lo que estamos viendo, nos preguntamos qué es lo que esta vivencia tan clara que llamamos "ver" demuestra sin lugar a dudas. Aquello cuya existencia es demostrada sin posibilidad de duda es el dato sensorial. "Ver el árbol" demuestra la existencia de un dato sensorial asociado. Lo mismo ocurre con las otras "pruebas" de la existencia del árbol: tocarlo, oírlo, etc., no demuestran en absoluto la existencia del mismo, pero sí demuestran la existencia de algo indudable que son los datos sensoriales. Esta duda metodológica que nos ha llevado a descubrir la existencia de algo indudable, los datos sensoriales, es equivalente al razonamiento de Descartes que lo lleva a concluir que sólo la existencia del pensamiento es indudable. Pienso, luego existo, se transforma para nosotros en: siento, luego mis datos sensoriales existen.

Cuando planteamos la existencia, no solamente del árbol sino de todo el mundo externo, debemos aclarar el significado de la palabra "externo". ¿Externo a qué? Cada individuo reconoce la existencia de un mundo interno y privado, compuesto por su conciencia, su pensamiento, sus datos sensoriales y sus recuerdos, al que denominamos mente. La existencia de este mundo interno no es cuestionable, ya que el solo hecho de plantearse la duda la confirma. Al mundo de la mente de cada individuo es externo el mundo cuya existencia estamos analizando.

> Los datos sensoriales, cuya existencia es incuestionable, no son prueba suficiente de la existencia del mundo externo.

Que existe coherencia entre los datos sensoriales de diferentes individuos es un hecho fácilmente comprobable. Analicemos esta afirmación. Consideremos el conjunto total de los datos sensoriales de un individuo (cada lector puede tomarse como ejemplo). Dicho conjunto no sólo está formado por los datos sensoriales presentes, los que se están generando en este mismo instante, sino también por aquellos registrados en la memoria del individuo. Dentro del conjunto, existen datos sensoriales asociados a otros individuos: la imagen visual de sus cuerpos, el sonido de sus voces, etc. Estos sonidos tienen asociado un significado de acuerdo con algo bastante complicado, que no analizaremos aquí, que se llama lenguaje. Gracias al lenguaje, el individuo puede obtener información sobre los datos sensoriales de los otros individuos (cuya existencia estamos suponiendo). La comparación entre los datos sensoriales de diferentes individuos permite constatar que, en cierta medida, aquéllos son coincidentes, compatibles, aunque casi nunca exactamente idénticos y, algunas veces, hasta contradictorios. Notemos que esta coherencia entre los datos sensoriales se da en el mundo interno y privado de cada individuo. Tomemos, por ejemplo, los datos sensoriales que yo, autor de este libro, tengo de una mujer y que según mis códigos estéticos, me hacen decir "tal mujer es bella". Es probable que en una charla con un amigo, él también diga que esa mujer es bella, frase cuyo sonido se integra a mis datos sensoriales estableciéndose una coincidencia entre éstos y la información que tengo de los datos sensoriales de mi amigo —información que proviene de una interpretación de los datos sensoriales que tengo de mi amigo (supuestamente existente)—. Sin duda encontraré muchos individuos cuyos datos sensoriales sean compatibles con los míos, pero, debido a diferentes códigos estéticos, algunos pocos habrá que los contradigan. En todo caso, de la misma manera que mis datos sensoriales referentes a la bella mujer no son prueba suficiente de su existencia, tampoco lo es la coincidencia con los de otros individuos.

Generalizando a partir del ejemplo anterior afirmamos que la mayoría de nuestros datos sensoriales son coincidentes con los de todos los otros individuos. Ante esta correlación podemos tomar dos posturas: a) constatarla y dejarla como un hecho primario que no requiere más explicación; b) intentar explicarla apelando a algún principio o teoría que la demuestre. La postura filosófica llamada "realismo" toma la segunda opción, postulando la existencia —objetiva e independiente de los observadores— del mundo externo, que es el origen de los datos sensoriales de todos los individuos. De esta manera se explica la coherencia entre los datos sensoriales de diferentes individuos, porque todos son generados por la misma realidad. La mayoría de nosotros estamos de acuerdo en que "esa mujer es bella", porque objetivamente dicha mujer existe y tiene propiedades reales que nuestros códigos califican como bellas. Sin embargo, es importante notar que no hemos demostrado que la mujer existe, sino que lo hemos *postulado,* ya que una demostración rigurosa parece ser imposible. Este postulado tiene la virtud de explicar no solamente la coincidencia entre los datos sensoriales de diferentes individuos, sino también sus diferencias, que pueden deberse, en el ejemplo seleccionado, a componentes culturales, educativos, sociales, raciales, etc., que han generado diferentes códigos estéticos.

Para consolidar lo dicho tomemos un ejemplo más simple. Supongamos una mesa rectangular alrededor de la cual están sentados varios individuos. Cada uno de ellos tendrá una perspectiva distinta de la mesa según su posición: algunos la verán más o menos trapezoidal o romboidal, más o menos brillante, más o menos grande. Todos los datos sensoriales son diferentes, aunque no totalmente contradictorios. Si postulamos la existencia real y objetiva de la mesa rectangular, podemos explicar todas las diferencias y similitudes entre los datos sensoriales de los individuos a su alrededor. Otra posibilidad es, en vez de muchos individuos alrededor de la mesa, considerar la situación equivalente de un individuo que se mueve alrededor de la mesa y cuyos datos sensoriales van cambiando con el tiempo al ocupar diferentes posiciones. En este caso el postulado realista explicaría la evolución temporal de los datos sensoriales. (Algo parecido a la equivalencia entre muchos observadores estáticos en torno de la mesa y un observador que se mueve a su alrededor es lo que los físicos llaman "teorema ergódico".) El postulado realista resulta altamente económico y eficiente, por su simplicidad y porque explica algo de enorme complejidad como lo son las coincidencias y diferencias entre los datos sensoriales de muchos individuos.

> En el *realismo* se postula la existencia del mundo externo objetivo e independiente de la observación, generador de los datos sensoriales. Dicho postulado explica las correlaciones entre los datos sensoriales de diferentes individuos.

La postura realista, con su gran poder explicativo, es tan sensata que parece asombroso que existan pensadores que la rechacen. (Veremos, sin embargo, que muchos físicos, sin saberlo, la niegan.) Si nadie la rechazase, si fuese aceptada universalmente, no habríamos hecho tanto esfuerzo en presentarla. El realismo existe como línea de pensamiento filosófico porque existen alternativas a él. Analizaremos primero la negación más violenta y extrema del realismo, denominada "solipsismo".

El solipsismo surge de la constatación, que nosotros mismos hemos hecho anteriormente, de que toda percepción del mundo externo está en el mundo interno y privado de nuestra mente en forma de datos sensoriales. A partir de allí, se decide que el mundo externo no existe y que todo lo que llamamos de ese modo no es más que una construcción mental. Significa, entonces, que el lector de este libro es solipsista si niega que todo lo que lo rodea existe, incluidos los otros lectores y el autor. El libro que sostiene en sus manos tampoco existe, no es más que una construcción mental que está haciendo en este instante. Tampoco existen sus manos ni su cuerpo ni la madre que lo parió. El filósofo irlandés G. Berkeley (1685-1753) demostró que esta idea, que linda con la demencia, es perfectamente defendible en términos lógicos. Es imposible convencer a un solipsista, por medio de argumentos, de que está errando, ya que para él, quien está intentando convencerlo tampoco existe. No figura entre las metas de este libro (ni es competencia de su autor) discutir en detalle los diferentes matices y grados de solipsismo, ni su relación con el idealismo, que subordina la realidad de la materia a la realidad de la mente. Es suficiente aquí apelar al sentido común para rechazarlo, a pesar de que no hay ninguna falla lógica en los argumentos que se pueden presentar en su defensa; por el contrario, cuanto más extrema e inaceptable resulta la posición solipsista, más fácil es su defensa argumentando en términos lógicos. El solipsismo es una demencia perfectamente lógica. Esto nos lleva a constatar que el rigor lógico no es un criterio suficiente de verdad para una doctrina, aunque, por supuesto, toda ideología que pretenda ser verdadera debe ser impecable en su argumentación lógica.

Más interesante que la negación lisa y llana del realismo que hace el solipsismo es la alternativa que presenta el "positivismo", perspectiva que trataremos a continuación en más detalle por su relevancia para una interpretación de la mecánica cuántica. El positivismo se inició en la segunda mitad del siglo pasado, sin duda influenciado por el éxito de las ciencias exactas, las cuales poseen criterios para determinar la verdad de sus frases, tales como, por ejemplo, la experimentación. Comte (1798-1857), propuso entonces, depurar la filosofía de toda la metafísica limitándose a frases "positivas" de demostrada validez. Esta filosofía, o mejor dicho, metodología, se extendió en el presente siglo con el aporte de varios pensadores, en particular los del "Círculo de Viena", que formalizaron y complementaron la idea original con el análisis lógico. La corriente filosófica así generada, denominada también neo-positivismo, ha tenido gran influencia en el pensamiento científico y filosófico contemporáneo, proponiendo que el sentido de toda frase lo determina exclusivamente su carácter de ser verificable, ya sea empíricamente, por los datos sensoriales, o como deducción lógica a partir de éstos. La filosofía neo-positivista se puede resumir presentando la "regla de oro" que, según ella, debe regular todo razonamiento o afirmación: "limitarse exclusivamente a emplear frases con sentido" (además son tolerados los nexos lógicos, matemáticos y lingüísticos). Se define que una frase tiene sentido cuando existe un procedimiento experimental que la verifica (o la refuta, agregó Carnap) o cuando es lógicamente demostrable a partir de otras frases con sentido. Una frase sin sentido también recibe el nombre de pseudo-frase. A primera vista, esta filosofía parece bastante sensata; sin embargo, veremos que presenta serias dificultades. Con respecto al problema de la existencia del mundo externo, el positivismo declara que la frase que define al realismo, "existe el mundo externo objetivo, independiente de la observación", es una frase sin sentido ya que, como hemos visto, es imposible demostrar "experimentalmente" su validez. De esta manera, el positivismo se opone al realismo, no demostrando su falsedad, sino declarando que no tiene sentido. La negación de una pseudofrase también es una pseudofrase, según lo cual, el positivismo no solamente niega al realismo, sino que también niega al solipsismo. En el análisis hecho para mostrar la conveniencia del postulado realista, se resaltó la evidencia de las correlaciones entre los datos sensoriales de diferentes individuos. Ante esta correlación, el positivismo se abstiene de pretender explicarla y la acepta como un hecho primario que no requiere más análisis, pues, de lo contrario, inevitablemente se violará la "regla de oro".

El *positivismo* impone la limitación de formular exclusivamente frases con sentido, que son aquellas para las cuales existe un procedimiento que las verifique o refute. Afirmar o negar la existencia del mundo externo es una pseudofrase.

Son múltiples las críticas que se pueden hacer a esta filosofía. El primer argumento en su contra es de carácter formal. Hemos mencionado ya que a una corriente filosófica se le debe exigir una coherencia lógica impecable. Aquí el positivismo evidencia una falla: la misma frase que lo define sería una frase sin sentido. Más grave que esta dificultad, que posiblemente puede ser subsanada con algún esfuerzo, es que el criterio adoptado para determinar si una frase tiene sentido o no y la prohibición de usarla en caso negativo, limitan en extremo el tipo de afirmaciones posibles. Decir que el sol saldrá mañana no tiene sentido y permanece sin sentido, aun si lo afirmo con un grado de confiabilidad establecido por alguna probabilidad estimada de alguna manera. Decir "si planto esta semilla, brotará un árbol" es una frase sin sentido. Toda predicción para el comportamiento futuro de algún sistema (físico o no) carece de sentido. No solamente se encuentran dificultades con referencias al futuro, sino también con las referencias al pasado, porque ciertas frases pueden haber tenido sentido en algún momento pero no hoy. Por ejemplo, decir "Cleopatra tiene un lunar en la cola" es una frase que tuvo sentido en la época en que Marco Antonio pudo hacer el experimento para verificarla o negarla, pero hoy, la misma frase no tiene sentido. Que el sentido de las frases varíe con el tiempo es altamente inadecuado para su utilización en la ciencia, ya que ésta se ocupa principalmente de explicar el pasado y predecir el futuro, aunque sea en forma aproximada. El positivismo le niega esta función y la limita a constatar las correlaciones entre hechos experimentales y los posibles resultados numéricos, pero sin que esto nos autorice a hacer frases sobre el comportamiento de los sistemas en estudio en su realidad objetiva. Un planteo así le quita interés a la física y es fatal para otras ciencias como, por ejemplo, la historia, ya que la limitaría a comprobar correlaciones y diferencias entre papeles amarillentos sacados de un archivo, sin poder decir nada de la realidad de una revolución social o de un personaje histórico crucial. El criterio empírico para determinar si una frase tiene sentido o no implica una observación experimental, lo cual le introduce un elemento subjetivo. Todo experimento contiene una mente al final de una compleja cadena, cuyos eslabones son: el sistema que se observa; intermediarios que reciben alguna acción del sistema y la transforman en alguna señal que será transmitida al próximo eslabón, que puede ser un aparato electrónico con agujas que marcan valores en escalas o visores donde aparecen números que serán leídos por algún observador, que, entonces, tras el complicado proceso que tiene lugar a nivel del ojo, retina, nervio óptico, etc., tomará conciencia de la observación. Esta componente subjetiva es ineludible en el positivismo. Proponer que el experimento lo efectúe un robot sin que participe ninguna conciencia llevaría indefectiblemente a frases sin sentido. Como consecuencia, resulta que todas las frases que participan en la ciencia, en vez de hacer alusión a alguna propiedad del sistema en estudio, se refieren a conceptos que alguna mente, aunque sea hipotética, tiene del sistema. El subjetivismo presente en el positivismo puede extremarse hasta la frontera con el solipsismo. Un convencido positivista debe concluir que no tiene sentido afirmar la existencia objetiva del cuerpo de otro individuo, y mucho menos aun de su mente, ya que "los experimentos" sólo confirman la existencia de sus datos sensoriales privados. Rápidamente llegaría a la conclusión de que, excepto su mente, no tiene sentido decir que existe todo el resto. El solipsista dice: "mi mente existe y niego que todo el resto exista". El positivista dice: "mi mente existe y no tiene sentido decir que todo el resto exista". La diferencia es ínfima, si no nula.

Más adelante veremos que la componente subjetiva del positivismo tiene graves consecuencias en las posibles interpretaciones de la mecánica cuántica, pero se puede adelantar que, en cambio, no tiene graves consecuencias en la física clásica. Esto significa que, entre un físico clásico realista y un físico clásico positivista, es posible establecer un pacto de no agresión, por el cual el realista asignará un contenido objetivo, en el sistema físico, a todas las referencias experimentales subjetivas que haga el positivista, y éste traducirá todas las frases "sin sentido" de aquél en un posible resultado de una observación. En otras palabras, ambos discursos son equivalentes, porque para todo conjunto de propiedades —reales y objetivas, según el realista— asignadas al sistema físico clásico, existe siempre un experimento que permite medirlas simultáneamente con cualquier precisión deseada. (Un matemático diría que hay un isomorfismo entre los dos discursos). Como veremos un pacto de no agresión semejante es imposible entre físicos cuánticos.

En este capítulo se han presentado, obligatoriamente resumidas y simplificadas, dos grandes tendencias filosóficas que serán relevantes para intentar establecer alguna interpretación de la mecánica cuántica, y se han resaltado algunas de las dificultades que presenta la opción positivista. Importa aclarar que existe una forma de positivismo metodológico evidentemente intachable e ineludible para toda ciencia teórico-experimental como lo es la física. Estas ciencias hacen predicciones sobre el comportamiento de los sistemas que estudian, comportamiento que debe ser verificado, o negado, experimentalmente. Hasta tanto no haya una confrontación con el experimento, la predicción no tiene asignado un valor que la transforme en una verdad científica. La gran diferencia entre este positivismo metodológico y el positivismo esencial, filosófico, al que aludíamos más arriba reside en que el experimento, para el primero, brinda la confirmación o refutación de un comportamiento objetivo del sistema, mientras que para el segundo, el experimento es, por decirlo así, la única realidad detrás de la cual no tiene sentido pensar que existe algo.

V. La esencia de la teoría cuántica

EN ESTE CAPÍTULO veremos algunos de los elementos esenciales de la teoría cuántica, para lo cual (ya se lo habíamos anticipado) será necesario apelar a la disposición del lector a aceptar algunos conceptos que resultan hirientes a su intuición clásica. Los argumentos presentados en la clasificación de los sistemas físicos según sus escalas de velocidad y acción, y la ubicación del ser humano en la misma, han de ser preparación suficiente. El carácter contrario a la intuición de ciertos conceptos hace difícil asignarles un significado, vale decir, interpretarlos. Peor aún, para algunos elementos del formalismo existen varias interpretaciones contradictorias, según sea la postura filosófica adoptada. Dejaremos para un capítulo posterior la discusión detallada de estas interpretaciones, presentando aquí los conceptos sin insistir demasiado, por el momento, en asignarles significado.

El concepto de "Estado" juega un papel importante en el formalismo de toda teoría física. En la aplicación práctica de las teorías físicas, cualquiera sea el sistema que se estudie, se plantea a menudo el problema de predecir el valor que se le asignará a algún observable del sistema cuando conocemos algunas de sus propiedades o, en otras palabras, cuando conocemos el estado del sistema. En el formalismo, el estado del sistema está representado por un elemento matemático que, en algunos casos, es una ecuación, en otros, un conjunto de números o un conjunto de funciones. El formalismo contiene, además, recetas matemáticas bien definidas para, a partir del estado, poder calcular el valor asignado a cualquier observable. Esto es, conociendo el estado se puede responder cualquier pregunta relevante sobre el sistema. Los sistemas físicos, en general, evolucionan con el tiempo, van cambiando de estado. La teoría debe, entonces, permitir calcular el estado en cualquier instante, cuando aquél es conocido en un instante inicial. Las ecuaciones matemáticas que posibilitan dicho cálculo son las llamadas "ecuaciones de movimiento". Para el sistema clásico formado por una partícula que se mueve en el espacio, el estado está determinado en cada instante por la posición y velocidad (o mejor, el impulso) de la misma. Las ecuaciones de Newton nos permiten, si conocemos las fuerzas aplicadas, calcular la posición y velocidad para cualquier instante posterior. A partir de este ejemplo podemos generalizar estableciendo que, en un sistema clásico, el estado está determinado por el valor que toman las coordenadas generalizadas y los impulsos canónicos correspondientes en el instante en cuestión. Recordando que hemos definido las propiedades del sistema por la asignación de valores a los observables, concluimos que el estado de un sistema clásico está fijado por el conjunto de propiedades que contiene todas las coordenadas e impulsos.

Todos los observables de un sistema clásico se pueden expresar como funciones de las coordenadas y de los impulsos: $A(Qk, Pk)$. Por lo tanto, conociendo el estado, o sea conociendo el valor de las coordenadas e impulsos $(Qk = q$ y $Pk = p)$, podemos calcular el valor de dichas funciones, lo que resulta en un conocimiento del valor que toman todos los observables del sistema clásico $(A = a$ para cualquier observable $A)$. ¿Es posible fijar el estado de un sistema cuántico de la misma manera? Veremos que no, pues el principio de incerteza, que presentaremos más adelante, nos prohíbe hacerlo. El estado cuántico está determinado por un conjunto de propiedades, pero el mismo no puede incluir propiedades asociadas a todas las coordenadas e impulsos. Si contiene una coordenada, por ejemplo $X = 5$, no puede contener el impulso asociado a la misma. $P = 8$. ¿Cómo es posible, entonces, si el estado cuántico no contiene todas las coordenadas e impulsos, hacer predicciones para los observables que no incluye? Justamente, el mismo motivo que nos impide unir todos los observables en el estado, el principio de incerteza, es producido por cierta dependencia entre dichos observables que los relaciona y permite hacer las predicciones. Las coordenadas e impulsos de un sistema cuántico, en contraste con el sistema clásico, no son totalmente independientes, sino que están relacionadas de manera tal que el conocimiento de algunas propiedades permite hacer predicciones para el resto. A su vez, las predicciones no son precisas o exactas, como sucede con la física clásica, sino que son probabilísticas o estadísticas. Esta extraña estructura de la teoría cuántica será aclarada más adelante. Por el momento resumamos:

El estado de un sistema clásico está fijado por propiedades relacionadas con todas las coordenadas generalizadas y sus impulsos correspondientes. Con estas propiedades se puede calcular el valor asignado a cualquier observable. El estado cuántico está fijado por algunas propiedades solamente y las predicciones son probabilísticas.

Para la mecánica cuántica, el conjunto de propiedades que participan en la determinación del estado no es arbitrario, ya que el principio de incerteza excluye ciertas propiedades cuando algunas otras han sido incluidas. Si hacemos un experimento en un sistema cuántico para observar alguno de sus observables A, y el mismo resulta en el valor a, entonces el estado del sistema estará caracterizado por la propiedad $A = a$. Por ejemplo, si medimos la posición de una partícula con el resultado $X = 5$ m, esta propiedad fija el estado del sistema. Sin embargo, la determinación del estado por medio de un experimento es válida para instantes inmediatamente posteriores al mismo, pero no nos brinda ninguna información sobre el estado del sistema antes y durante el experimento. En efecto, todo experimento implica una interacción entre el sistema que se está observando y ciertos aparatos de medida apropiados. Durante dicha interacción hay intercambio de energía entre el sistema y el aparato. Por más pequeño que sea el intercambio, el proceso de medición implica una acción que, según aquella ley fundamental de la naturaleza, no puede ser menor que $\hbar$, la constante de Planck. Ahora bien, recordemos el diagrama velocidad-inacción, que nos indica que los sistemas cuánticos están caracterizados por valores de acción cercanos a $\hbar$.

Quiere decir que la perturbación producida por la medición es tan grande como el sistema mismo. Por lo tanto, cualquier medición en un sistema cuántico lo perturbará de tal manera que se borrará toda posible información sobre su estado antes de la medición.

No es exclusividad de la mecánica cuántica que la observación altere al objeto observado; bien lo sabe el biólogo, quien para observar una célula lo primero que hace es matarla. Lo particular de la mecánica cuántica consiste en que los cambios que dicha perturbación puede producir son tan violentos que al final de la observación no hay forma de saber cuál era el estado del sistema cuando la misma comenzó. Resaltemos esto.

> La observación experimental de una propiedad deja al sistema cuántico en el estado correspondiente a la misma, pero nada dice sobre el estado del sistema antes de la observación.

La imposibilidad de saber con certeza experimental cuál era el estado de un sistema antes de una observación adquiere particular importancia en el debate filosófico realismo *versus* positivismo ya que, según este último, hablar de las propiedades del sistema o del estado del mismo antes de una observación sería una frase sin sentido. Un experimento que determine que la posición de una partícula está caracterizada por la propiedad $X = 5$ m no nos autoriza a afirmar que antes de la observación la posición era de 5m. Podemos decir, sí, que esa es la posición inmediatamente después del experimento, pero nada sabemos, ni podemos saber, sobre su situación anterior. Por lo tanto, para el positivista, toda afirmación acerca de la posición de la partícula antes del experimento carece de sentido, mientras que para el realista es perfectamente legal hablar de la posición o de la ubicación de la partícula, aunque no se le pueda asignar un valor determinado. Las dos posturas son irreconciliables. Para el positivista, la experimentación genera la propiedad que resulta en el experimento y no es la constatación de una cualidad preexistente en el sistema, mientras que, para el realista, la experimentación pone en evidencia alguna característica del sistema, preexistente, aunque sea imposible asignarle un valor numérico preciso. Continuará.

Se ha mencionado ya que entre las propiedades que definen el estado de un sistema cuántico no pueden aparecer, simultáneamente, posición e impulso. Teniendo en cuenta que el estado es el resultado de una observación experimental, se concluye que no debe poder existir ningún experimento que mida al mismo tiempo la posición y el impulso de una partícula. Esto mueve al asombro y merece una discusión más detallada. Primero debemos corregir: la mecánica cuántica no impide la medición simultánea de la posición y el impulso. Lo que no debe ser posible es que dichas mediciones puedan hacerse con infinita precisión, ya que las propiedades $X = 5$ y $P = 8$ implican un conocimiento exacto, sin error, de ambas. La mecánica clásica no impone tales restricciones, por lo cual dicho experimento clásico sí debe ser posible. Analizaremos un experimento del tipo e intentaremos llevarlo al mundo cuántico.

Consideremos el sistema físico clásico compuesto por un ciclista (que puede, o no, ser un físico, clásico o cuántico) que se mueve en su "todo terreno" a lo largo de una calle. Para medir experimentalmente la posición del ciclista o su velocidad, podemos utilizar una técnica fotográfica que consiste en: 1) elegir un tiempo muy corto de apertura del obturador a fin de medir la posición con mucha precisión, o 2) poner un tiempo largo para medir la velocidad. Si el tiempo de exposición es muy corto, 1/1000 segundo, la foto obtenida será muy nítida, lo que permite determinar con precisión la posición del ciclista durante la foto, como vemos en la Figura 3, pero la velocidad quedará indeterminada. Si, por el contrario, elegimos un tiempo de apertura largo, 1 segundo, la foto no será nítida, quedando la posición mal definida, pero nos permite calcular la velocidad dividiendo el corrimiento por el tiempo de exposición. Si contamos con un aparato fotográfico, entonces tendríamos que optar por medir precisamente la posición, dejando la velocidad incierta, o bien medir la velocidad con alta precisión a costas de la imprecisión en la posición. Nos encontramos ante algo parecido al principio de incerteza, pero que nada tiene que ver con la mecánica cuántica, ya que esta limitación se debería al bajo presupuesto de investigación que nos aqueja actualmente. En un país que reconociera la importancia de la investigación dispondríamos de dos aparatos fotográficos: uno para determinar la posición y otro para determinar la velocidad, con lo cual el estado clásico quedaría perfectamente fijado: $X = 5$ m, $V = 1$ m/s. Notemos, sin embargo, que para esta determinación simultánea de la posición y de la velocidad hemos hecho la suposición, válida en el ejemplo clásico, de que la toma de la fotografía para fijar la posición no modifica la velocidad del ciclista y de que, al fotografiarlo para determinar la velocidad, no cambiamos su posición. Según lo visto anteriormente, estas suposiciones no son válidas en el sistema cuántico. En efecto, si en vez de un ciclista tenemos un electrón, las "fotos" se obtendrían con fotones de alta energía para conocer la posición, y de baja energía para la velocidad. Pero estos fotones modifican brutalmente el estado del electrón. Aquí sí estamos frente al principio de incerteza que en forma ineludible nos impide determinar con precisión arbitraria la posición e impulso de una partícula cuántica. En una parte importante del debate entre Bohr y Einstein, éste intentó, sin éxito, demostrar la posibilidad de medir experimentalmente posición e impulso con exactitud y en forma simultánea. Más adelante volveremos a considerar este debate.

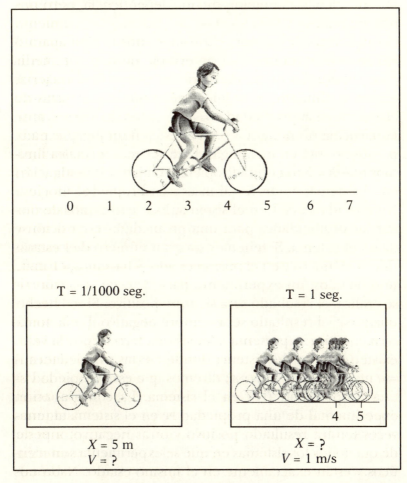

FIGURA 3. *Determinación precisa de la posición y la velocidad de un ciclista.*

La casi totalidad de las características esenciales de la física cuántica se pueden resumir en dos propiedades atribuidas a los sistemas cuánticos, ambas asombrosas para nuestra intuición clásica. La primera es que el valor que se les puede asignar a los observables no siempre es un número preciso; la segunda está relacionada con la independencia, o mejor dicho, dependencia entre los observables.

Analicemos la primera. Consideremos la propiedad X = 5 m correspondiente al observable de posición. En la física clásica, las propiedades de un mismo observable se excluyen mutuamente. Quiere decir que si una partícula clásica tiene la propiedad X = 5 m, entonces, con certeza, la partícula no tiene X = 6 m. Si está en un lugar, seguramente no está en otro lugar. Para ser más formales digamos que X = 5 m es una Propiedad Objetiva Poseída (POP) en el sistema, y que X = 6 m es una Propiedad Objetiva No Poseída (PONP) en el sistema. Esto parece abarcar todas las posibilidades para una propiedad: se da o no se da en el sistema. Si tenemos un gran número de sistemas físicos idénticos y en el mismo estado, y hacemos, en cada uno de ellos, un experimento para detectar si cierta POP se realiza, el resultado será siempre positivo. Si se trata de una PONP, el resultado será siempre negativo. En la mecánica cuántica se presenta además una tercera posibilidad: existen estados del sistema donde ciertas propiedades A = a no son ni POP ni PONP; diremos que esta propiedad es una Propensidad (PP) en el sistema. La comprobación experimental de una propiedad PP en el sistema algunas veces tendrá resultado positivo y otras negativo, a pesar de que todos los sistemas en que se experimenta son idénticos y están exactamente en el mismo estado. Nada nos permite predecir en cada experimento si el resultado será positivo o negativo, pero el formalismo de la mecánica cuántica permite calcular el porcentaje de veces en que el resultado será de un signo u otro. Este porcentaje define en la mecánica cuántica la probabilidad asignada a la propiedad en cuestión. Que una propiedad sea POP, PONP o PP depende del estado en que se encuentra el sistema. Si hacemos un experimento relacionado con un observable A y obtenemos como resultado el valor a_1, sabemos que el estado del sistema será fijado por la propiedad $A = a_1$; entonces, inmediatamente después de concluido el experimento, dicha propiedad es una POP y todas las otras propiedades asociadas al mismo observable $A = a_2$, $A = a_3$,... serán PONP (a_2 y a_3 son números distintos de a_1), pero existen algunos observables, B por ejemplo, cuyas propiedades serán PP. Si ahora se hace otro experimento para este último observable con el resultado $B = b$, esta propiedad pasará a ser una POP y todas las otras $A = a_1$, $A = a_2$, $A = a_3$ pasarán a ser PP. Aquí se presenta una importante diferencia entre la medición en sistemas clásicos y cuánticos. En un sistema clásico siempre es posible diseñar la medición de forma tal que aumente o, en el peor de los casos, que deje constante la cantidad de información que tenemos sobre el sistema. Según lo visto, en un sistema cuántico una medición, por mejor diseñada que esté, puede disminuir la cantidad de información que poseemos sobre el sistema. La nueva información aportada por la medición puede destruir información que poseíamos antes de la misma en vez de acumularse a ella. La inevitable interacción entre el aparato de medición y el sistema borra cierto conocimiento sobre el estado de este último. Una propiedad puede dejar de ser una POP por la observación experimental de otro observable, pero existe, además, otra posibilidad para que esto ocurra: la evolución temporal del estado. El estado del sistema, en general, varía con el tiempo, variación que puede alterar el carácter con que ciertas propiedades se hallan presentes en el sistema. Por ejemplo, si se determina experimentalmente que la posición de una partícula cuántica es X = 5 m, esta propiedad es POP y toda otra posición será PONP. Esto es válido para el instante en que terminó el experimento, pero para tiempos posteriores, las propiedades de posición se transforman en PP y ya no tendremos la partícula perfectamente localizada en X = 5 m, sino que todas las posibles posiciones adquirirán una probabilidad de realizarse que aumentará a medida que transcurre el tiempo. Es como si la existencia de la partícula se difundiera de la posición exacta inicial a todas las posiciones adyacentes; pierde localidad y se hace difusa. El formalismo de la mecánica cuántica permite calcular la velocidad con que la partícula se va a difundir, comportamiento que nos resulta asombroso y contrario a lo que nos dicta nuestra intuición. De hecho, nunca hemos "visto" difundirse un libro o una lapicera o una moneda. Si no los encontramos donde los dejamos es porque alguien se los llevó. Sucede que, para los objetos que podemos captar con nuestros sentidos, el cálculo indica que tardarán tiempos millones de veces mayores que la edad misma del universo para difundirse en una medida que pudiera ser observada. Muy distinto es lo que ocurre con un electrón, que por estar caracterizado por pequeñísima acción, rápidamente se difunde perdiendo la propiedad de localización y adquiere una probabilidad no nula de ocupar distintas posiciones. Sin embargo, en un nuevo experimento para conocer su posición, que resulta en el valor X = 7 m, el electrón vuelve a localizarse en dicha posición para comenzar otra vez a difundirse. Tal proceso de transición de un estado de ubicación difusa a un estado exactamente localizado producido por la observación experimental se llama "colapso del estado" y es uno de los aspectos sujetos a controversia en la interpretación de la mecánica cuántica. Nadie entiende plenamente este proceso. ¿Cuál es su causa? ¿Acaso la conciencia del observador? ¿Qué determina que el colapso se produzca a $X = 7$ m o bien a $X = 8$ m?

En el formalismo de la mecánica cuántica se caracteriza la posibilidad de las propiedades de ser POP, PONP o PP al asignarles una probabilidad de realización o forma de peso existencial. La probabilidad es uno para las POP, cero para las PONP, y toma un valor entre cero y uno para las PP. El valor de dicha probabilidad, que puede calcularse con el formalismo cuando se conoce el estado (o sea la propiedad que lo determina), se manifiesta experimentalmente en la frecuencia con que la propiedad en cuestión es comprobada al hacer el experimento un gran número de veces en sistemas idénticos en el mismo estado. Consideremos nuevamente el observable de posición. Supongamos que todas las propiedades relacionadas al mismo son PP, ya sea debido a la evolución temporal de un estado inicial donde cierta posición era una POP $(X = 4$ m, por ejemplo), o bien porque el estado del sistema corresponde a alguna propiedad incompatible con la posición. En cualquier caso, la probabilidad asociada a cada posición será cierto valor que estará distribuido de alguna manera, como, por ejemplo, la que muestra la Figura 4.

La distribución de probabilidades está caracterizada por un valor medio y por un ancho. El valor medio es el llamado "valor de expectación" del observable posición, simbolizado por $<X>$, y el ancho recibe el nombre de "incerteza" o "incertidumbre" de dicho valor, designado por ΔX; en el ejemplo, $<X> = 4$ m y $\Delta X = 2$ m. En este caso, todas las propiedades, $X = 2$ m, $X = 4$ m, $X = 35$ m..., son PP con probabilidades asociadas más o menos pequeñas según corresponde en la figura anterior.

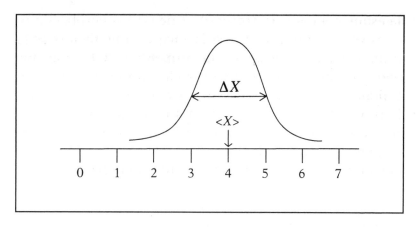

FIGURA 4. *La posición como propensidad. Probabilidad de distribución.*

Las denominaciones elegidas: "valor de expectación" e "incerteza" resultan muy adecuadas. La primera indica la mejor apuesta para el observable. Si debemos asignarle un valor, éste es el más razonable, la mejor estimación, para dicha característica del sistema que no tiene asignado un valor exacto. La incerteza, por su parte, es una medida de la bondad de esa estimación. Si el ancho de la distribución es grande, o sea, si la incerteza es grande,

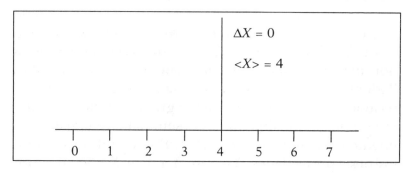

FIGURA 5. *La posición como propiedad objetiva. Probabilidad de distribución.*

la estimación es la mejor posible, pero resultará falsa muchas veces; mientras que si la incerteza es pequeña, la estimación es buena. Si una propiedad, $X = 4$ m, por ejemplo, fuese una POP, entonces la distribución sería infinitamente fina: $\Delta X = 0$, con un valor muy grande para la propiedad $X = 4$ m y cero para todas las otras posiciones (PONP), tal como en la figura 5. La estimación es exacta, la incerteza nula.

Generalicemos este ejemplo para todo observable:

Dado un sistema cuántico en un estado conocido, el formalismo permite calcular una probabilidad para cualquier propiedad $A = a$, que será igual a uno, si la misma es POP, cero si es una PONP, o un valor entre cero y uno si se trata de una PP. Si $A = a$ es POP, la observación experimental en un gran número de sistemas idénticos y en el mismo estado resultará siempre $A = a$. Si es una PONP, nunca, y si es una PP, algunas veces resultará $A = a$ y otras no. En este último caso, no hay forma de predecir cuándo resultará $A = a$ y cuándo no. Solamente es posible calcular la probabilidad de estos eventos. Las probabilidades definen un valor de expectación para el observable $<A>$ y una incerteza en dicho valor ΔA.

Si bien los problemas de interpretación serán presentados más adelante, es conveniente plantear aquí la cuestión del significado de las probabilidades mencionadas. Podemos reconocer dos posibilidades para el significado o carácter de las probabilidades: gnoseológicas u ontológicas. Son gnoseológicas si representan la falta de conocimiento que tenemos del sistema. En esta interpretación, los observables del sistema asumen algún valor preciso, definido con exactitud, pero la teoría no es completa y no puede calcular dicho valor. Lo más que puede hacer es dar una probabilidad para las propiedades, siendo aquélla una manifestación de nuestra ignorancia del sistema. Cuando determinamos experimentalmente la distribución de probabilidades midiendo un observable en un gran número de sistemas supuestamente idénticos y en el mismo estado, la distribución de los valores resultantes proviene de diferencias en el valor que toman ciertas variables ocultas, inobservables, que desconocemos, pero que determinan las diferencias experimentales. En la interpretación ontológica, la distribución de los valores que toma un observable es manifestación de una indefinición objetiva del observable en los sistemas. Todos los sistemas son idénticos y el estado es el mismo en todos, pero ciertos observables asumen valores difusos por una indefinición esencial, ontológica, en ciertos estados del sistema. Haciendo referencia al diagrama de distribución de la posición de una partícula (Figura 4), la interpretación gnoseológica mantiene que la partícula está, sí, en algún lugar, pero no tengo forma de saber dónde, y la ontológica propone que la partícula pierde, en dicho estado, la cualidad de localización y su posición deviene difusa. Es interesante notar, para finalizar esta discusión, que no existe ningún criterio experimental que permita discernir y decidir entre estas dos interpretaciones. Por lo tanto, para un positivista riguroso, la discusión no tiene sentido, ya que todas sus frases son pseudofrases.

Ahora que sabemos que el valor que se puede asignar a los observables no siempre es un número preciso, pasaremos a discutir la segunda característica esencial del fenómeno cuántico, la relacionada con la dependencia entre los observables.

De la observación, análisis y estudio de los sistemas clásicos —que son, recordemos, los generadores de nuestra intuición— surge que podemos clasificar la dependencia entre pares de observables en tres categorías. Para ello tomemos el ejemplo de un sistema clásico compuesto por una partícula que se mueve en el espacio tridimensional. Las coordenadas de la partícula serán designadas por X, Y, Z, correspondiendo a la ubicación de la misma en tres ejes ortogonales. La velocidad de la partícula tendrá componentes a lo largo de estos ejes designadas por Vx, Vy, Vz, que, multiplicadas por la masa determinan las componentes del impulso Px, Py, Pz. La partícula posee además cierta energía cinética que está dada por $E = mV^2/2$, donde V^2 es el módulo de la velocidad al cuadrado, que se obtiene sumando los cuadrados de las componentes de la velocidad. Como función del impulso, la energía cinética es $E = P^2/(2m)$. Los observables de este sistema clásico serán entonces $(X, Y, Z, Vx, Vy, Vz, V^2, Px, Py, Pz, p^2, E, \ldots)$. La primera categoría se caracteriza por una dependencia total entre observables, esto es, dependencia conceptual y numérica. Por ejemplo, la energía cinética y la velocidad están en dependencia total, ya que existe una función que las relaciona. Dado un valor de velocidad, inmediatamente queda determinado el valor de la energía cinética. De modo similar, la energía cinética y el impulso, así como el impulso y la velocidad se hallan ligados por una dependencia total. En el otro extremo, segunda categoría, tenemos los observables que son totalmente independientes, como la coordenada X y la coordenada Y. La independencia en este caso es conceptual y numérica ya que el valor de una coordenada puede variar de cualquier manera sin perturbar por ello el valor de otra coordenada. Las coordenadas son conceptualmente independientes, porque no existe ninguna forma de obtener una de ellas como relación funcional de la otra. Entre estos dos casos extremos, están aquellos en los que los observables pueden tener una dependencia conceptual pero ser numéricamente independientes, tercera categoría. Un ejemplo de dependencia parcial lo brinda la coordenada X y la velocidad en esta dirección, Vx. Ambos observables están relacionados conceptualmente porque la velocidad se obtiene como la variación temporal de la posición indicada por la coordenada (en lenguaje matemático, la velocidad es la derivada temporal de la posición). Sin embargo, a pesar de esta relación conceptual, los valores numéricos que puede tomar la velocidad no dependen necesariamente de la posición. En otras palabras, es posible que la partícula se encuentre en cierta posición, pero con diferentes velocidades: cualquier velocidad es posible en dicha posición y cierta velocidad puede darse en cualquier posición. Notemos que a esta categoría pertenecen los pares formados por las coordenadas generalizadas y sus impulsos canónicos correspondientes, presentados en el tercer capítulo. En los sistemas clásicos, la independencia entre los valores o distribución de valores mencionada en las dos últimas categorías se da para todos los posibles estados del sistema. Ésta es la diferencia esencial con la mecánica cuántica, en la cual, para ciertos estados, dichos observables dejan de ser independientes, porque la asignación de una distribución de valores a uno de ellos pone condiciones a las posibles distribuciones de valores en otros. En los casos de la tercera categoría esta dependencia persiste en todos los estados posibles, mientras que, para los de la segunda categoría, existen ciertos estados en los que los observables son independientes, pero también los hay donde no lo son. Más adelante veremos que estos estados se llaman no-separables con respecto a los observables en cuestión.

La falta de independencia entre los observables de los sistemas cuánticos indica que cada observable ya no puede ser tomado como hasta ahora, totalmente aislado del resto del sistema. Considerar el sistema como susceptible de ser separado en sus partes, es consecuencia de nuestra experiencia con sistemas clásicos, pero no necesariamente posible con los sistemas cuánticos. Los observables de un sistema cuántico están ligados de cierta forma que impide su total independencia. Esto que puede resultar asombroso para sistemas físicos, no es ninguna sorpresa en el ser humano. Todos sabemos cómo los estados emocionales repercuten en diversos "observables" del ser humano. Nuestra capacidad de trabajo es alterada por nuestras relaciones de pareja; el apetito nos cambia drásticamente el humor; una baja en la bolsa de Londres puede perforar una úlcera en Nueva York, etc. La diferencia entre estos sistemas humanos de alta complejidad y los sistemas físicos es que en aquéllos se conoce, al menos en principio, una cadena causal que "explica" la dependencia entre observables, mientras que en el sistema físico la dependencia se da sin causa aparente, por una conectividad esencial en la realidad que la mantiene unificada en un todo.

La necesidad de considerar el sistema físico en su totalidad, no siempre separable, se denomina "holismo" (del griego *holos*, todo, total). Pero conviene resaltar que este holismo en la física responde a argumentos científicos rigurosos con sustento experimental y no debe ser confundido con charlatanerías pseudofilosóficas. El holismo de la física no fundamenta ningún misticismo orientalista, ni puede justificar ni explicar pretendidos fenómenos paranormales. Surge simplemente de la constatación de que la realidad del sistema cuántico (en el caso de que se la acepte y no se la declare algo sin sentido) tiene una característica inesperada para nuestra intuición clásica.

El concepto de dependencia entre observables se representa en el formalismo por el principio de incertidumbre, el cual ya ha sido mencionado antes y presentaremos ahora con más precisión. Consideremos dos observables A y B de un sistema cuántico que se encuentra en cierto estado conocido que, recordemos, está fijado por alguna propiedad. En dicho estado, los dos observables estarán caracterizados por sus valores de expectación $<A>$ y $<B>$ y sus respectivas incertezas ΔA y ΔB. La dependencia entre los observables se manifestará en relaciones entre estas incertezas. Si los observables en cuestión tienen una relación de dependencia conceptual y numérica total, por ejemplo, energía cinética y velocidad, las incertezas ΔA y ΔB están ligadas firmemente por una relación funcional similar a la que liga a los observables mismos, y como es esperado, cuando una crece, crece también la otra. Tal relación entre las incertezas no es asombrosa y existen estados en los que ambas se anulan (por ejemplo, en los estados caracterizados por alguna propiedad de A o de B). En el otro extremo, cuando los observables son conceptual y numéricamente independientes (el caso de dos coordenadas), las incertezas pueden ser también independientes, en el sentido de que si se elige un valor para ΔA, esto no determina el valor de ΔB, que puede tomar cualquier valor seleccionando el estado adecuadamente. Lo asombroso es que existen conjuntos de estados donde ambas incertezas ΔA y ΔB son distintas de cero y el producto de ambas es constante, de forma tal que al variar una de ellas la otra varía forzosamente; clásicamente, se espera que las coordenadas del sistema sean absolutamente independientes, incluso para sus incertezas. En el conjunto de estados en los que estas incertezas se hallan ligadas, el sistema físico no es separable con respecto a los observables en cuestión. La no-separabilidad adquiere gran relevancia cuando los observables corresponden a partes muy distantes del sistema y es uno de los temas centrales en las discusiones actuales sobre la interpretación de la mecánica cuántica.

Finalmente, consideremos el tercer caso, en el que los observables tienen una dependencia conceptual pero independencia numérica, por ejemplo, posición y velocidad. Aquí se da otro hecho asombroso: para todos los estados del sistema, el producto de las incertezas ΔA. ΔB no puede ser menor que una constante. Esto significa que ambas incertezas no pueden ser nulas, es decir que los observables respectivos no pueden estar determinados con exactitud. Para los observables de posición X y de velocidad V (o mejor, impulso P), éste es el principio de incerteza mencionado anteriormente que impide una determinación precisa de las dos cantidades en forma simultánea. Formalmente: $\Delta X.\Delta P \geq \hbar$. Es importante resaltar la diferencia con el caso anterior de la no-separabilidad. En aquél, si bien en algunos estados el sistema no es separable, existen estados donde sí lo es. Aquí, por el contrario, en todos los estados posibles se presenta la imposibilidad de tener ambas incertezas igual a cero.

Para terminar con este tema veremos que si fuese posible determinar con exactitud simultáneamente la posición y el impulso, entonces se podría violar la ley fundamental que le pone una cota inferior a la acción en todo proceso. Tomemos una partícula que se mueve en una dimensión entre dos posiciones $x1$ y $x2$ con un valor constante de impulso p. Si $\Delta X = 0$ y $\Delta P = 0$, entonces podemos considerar estas cantidades como exactas, no dotadas de error o incerteza. La acción para este sistema es, como ya lo mencionamos, el producto del impulso por la distancia recorrida dividido por dos: $p(x2 - x1)/2$. Tomando ahora a $x2$ suficientemente cerca de $x1$, podemos hacer la acción tan pequeña como lo deseemos en violación de la ley que indica que ésta debe ser mayor que $\hbar$. Dicho límite sería inalcanzable si dotamos a la posición de una incerteza, y la ley quedaría salvada.

Los observables de los sistemas cuánticos están ligados de manera tal que los posibles conjuntos de valores que pueden tomar quedan restringidos, estableciéndose relaciones entre las incertezas asociadas. El principio de incertidumbre establece que el producto de las incertezas en la posición y el impulso no es nunca menor que $\hbar$ cualquiera sea el estado del sistema. Existen ciertos estados del sistema en los que el producto de las incertezas de observables, clásicamente independientes, no se anula. En estos estados, el sistema no es separable con respecto a dichos observables.

Terminamos de ver los elementos esenciales de la teoría cuántica. Entre ellos, que la fijación del estado de un sistema cuántico por medio de una propiedad, o sea asignando un valor a un observable, sumado a que no es posible fijarlo con todas las coordenadas e impulsos, impone que las predicciones tengan carácter probabilístico, sin poder resolverse la cuestión de si dichas probabilidades son ontológicas e gnoseológicas. A los observables se les asigna valores de expectación e incerteza dependientes del estado en el que se encuentra el sistema. La dependencia de los observables entre sí se manifiesta en el producto de las incertezas, que nunca pueden anularse para coordenadas y velocidades, y que, en estados no separables, tampoco se anulan para observables que en la física clásica se consideran como totalmente independientes. Estos conceptos abstractos se aclararán en el próximo capítulo, donde serán aplicados a algunos sistemas cuánticos simples.

VI. Sistemas cuánticos simples

LOS SISTEMAS FÍSICOS que presentaremos como ejemplos de aplicación de la mecánica cuántica contienen partículas que se mueven en el espacio, sometidas, en algunos casos, a fuerzas conocidas. Conviene, entonces, explicar previamente lo que aquéllas significan para nosotros. Una partícula está caracterizada por una serie de propiedades constantes concentradas en un punto o región del espacio. Dichas propiedades incluyen: la masa, o cantidad de materia, que puede ser considerada, en virtud de un famoso resultado de Einstein, como una forma de energía; la carga eléctrica positiva, negativa o nula; el tiempo de vida media, en el caso de las partículas inestables, que decaen espontáneamente, se desintegran y dan nacimiento a otras partículas, de manera tal que la energía inicial, dada por la masa, es igual a la energía final de todas las partículas producidas; y varias otras propiedades que se han descubierto en este siglo y que no mencionaremos, con excepción del "espín", que trataremos enseguida. La teoría de las partículas elementales pretende sistematizar y explicar el valor de estas propiedades internas de las partículas y las interacciones entre ellas, aplicando la mecánica cuántica relativista, según lo requerido por los valores de acción y velocidad involucrados.

El espín de las partículas es una propiedad "interna" como la carga eléctrica o la masa, pero que tiene la extraña característica de acoplarse a las propiedades "externas" de rotación. Es por esto que a menudo se lo representa, acudiendo a una imagen "clásica", como una rotación de la partícula sobre sí misma, al estilo de un trompo. Pero tal representación es incorrecta, primero, porque no tiene mucho sentido hablar de la rotación de un punto y segundo, porque el principio de incerteza indica que es imposible asignar con precisión el valor de un ángulo de rotación: fijar el ángulo de rotación con una incerteza cercana a una vuelta implica una incerteza en la velocidad de rotación tan grande como la velocidad misma. La rotación de un trompo puede ser descripta por un eje de rotación, en una orientación dada, y una velocidad de rotación (200 revoluciones por minuto, por ejemplo). Ambas cantidades pueden ser representadas conjuntamente por una flecha (un vector, en lenguaje preciso) en la dirección del eje, cuyo largo corresponde a la velocidad de rotación multiplicada por una cantidad (momento de inercia) que depende del valor de la masa en rotación. La cantidad así obtenida para el trompo se llama "impulso angular", que es el impulso canónico asociado a la coordenada generalizada que determina la posición angular del trompo (recordar lo visto en el capítulo III). A diferencia del trompo, al que se puede hacer girar con mayor o menor velocidad, el espín de una partícula es una cantidad constante que no puede aumentarse ni frenarse. Por ejemplo, los electrones tienen siempre el valor de espín, o impulso angular intrínseco, $1/2$ (medido en unidades iguales a $\hbar$). No podemos cambiar el valor del espín del electrón, pero sí su orientación, esto es, podemos cambiar la dirección de la flecha. Si elegimos una dirección cualquiera, arbitraria, y decidimos medir el espín del electrón en esta dirección, lo que medimos es la proyección de la flecha espín en la dirección elegida, y esperamos como resultado algún valor entre el máximo, $+1/2$, y el mínimo, $-1/2$. Aquí, la naturaleza nos sorprende con el resultado de que solamente llegan a medirse los valores $+1/2$ ó $-1/2$, y nunca aparece algún valor intermedio. El impulso angular intrínseco, espín, a pesar de ser una flecha (vector), se comporta en la medición más como una moneda que cae cara o ceca. Mucho mayor es el asombro cuando notamos que no existe ninguna forma de predecir cuál de los dos valores, $1/2$ ó $-1/2$, resultará en la medición.

Para aclarar esta situación consideremos la Figura 6, parte A, donde se representa un electrón con su espín orientado en dirección horizontal en su estado inicial. El estado de este sistema cuántico está entonces fijado por la propiedad $Sh = 1/2$, siendo Sh el observable correspondiente a la proyección del espín en la dirección horizontal. A dicho electrón le medimos el espín con un aparato que detecta la proyección del mismo en la dirección vertical, o sea, el observable Sv. Nuestra expectativa clásica sugiere que el aparato indicará que la proyección es nula. Sin embargo, el resultado obtenido indica uno de los dos posibles resultados finales: $1/2$ ó $-1/2$. Nada nos permite predecir en una medición cuál de los dos posibles resultados se realizará. Si repetimos el experimento un gran número de veces, el 50% de los resultados dará $+1/2$ y el 50% restante $-1/2$. La mecánica cuántica permite calcular dichos porcentajes, que variarán según sea la orientación inicial. Por ejemplo, si, inicialmente, el electrón estaba orientado con su espín a 45°, como en la Figura 6, parte B, la mecánica cuántica calcula, y los experimentos lo confirman, que aproximadamente 85% de las veces mediremos $1/2$ y el 15% restante $-1/2$ (Figura 6, parte B). Se puede comprobar en forma experimental que, después de realizada la medición, el electrón permanecerá con su espín orientado de la misma forma que indicó el aparato: vertical para arriba, si se midió $1/2$,y para abajo si se midió $-1/2$. ¡La medición ha modificado drásticamente el estado del electrón! Como consecuencia de esto, la medición en este sistema cuántico no nos da mucha información sobre el estado previo, pero sí nos dice con precisión cuál es el estado después de la medición. La medición en un sistema cuántico no da información sobre una propiedad preexistente en el sistema, porque no existe una relación causal y determinista entre el estado inicial y el final. De lo único que estamos seguros después de una medición es del estado en que ha queda-

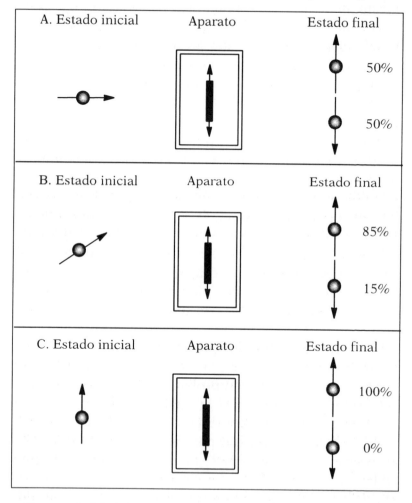

FIGURA 6. *Modificación del espín producida en su medición.*

do el sistema. Este indeterminismo o impredecibilidad del resultado de un experimento individual es una de las características esenciales y asombrosas de la física cuántica. Sin embargo, hay un caso en el que el resultado es perfectamente predecible: cuando el espín está orientado en una dirección cualquiera, si medimos la proyección en esa misma dirección, obtenemos siempre el 100% de las veces el mismo resultado esperado, quedando el espín inalterado después de la medición en contraste con los casos anteriores en los que la medición altera la orientación del espín. Éste es el caso ilustrado en la Figura 6, parte C.

Consideremos nuevamente los tres casos de la Figura 6 para resaltar los conceptos presentados en el capítulo anterior. El sistema físico está definido por los observables correspondientes a la proyección del espín en cualquier dirección: $Sv, Sh, S45,...$ El espectro asociado a cada observable, o sea, el conjunto de valores que cada observable puede tomar en un experimento, es sencillamente $1/2$ y $-1/2$. Por lo tanto, todas las propiedades posibles son: $Sv = 1/2, Sv = -1/2, Sh = 1/2, Sh = -1/2, S45 = 1/2, S45 = -1/2,...$ Los tres casos presentados en la figura corresponden a diferentes estados iniciales del sistema que están fijados respectivamente por las propiedades $Sh = 1/2, S45 = 1/2$ y $Sv = 1/2$. En cada uno de estos estados se puede determinar qué propiedades serán POP, PONP o PP. En el primer caso, $Sh = 1/2$ es POP, $Sh = -1/2$ es PONP y todas las otras son PP. En forma similar, en el segundo y tercer casos, la POP y la PONP están fijadas por la dirección en que está orientado el espín, siendo una PP el espín en cualquier otra dirección. A la derecha de la figura vemos, para cada caso, las probabilidades asociadas a las propiedades $Sv = 1/2$ y $Sv = -1/2$ dadas en porcentajes. Con estas probabilidades se puede calcular el valor de expectación y la incerteza asociada al observable Sv en cada uno de los tres estados iniciales. En el primero será $<Sv> = 0$ y $\Delta Sv = 1/2$; en el segundo $<Sv> = 0.35$ y $\Delta Sv = 0.36$, y en el tercero $<Sv> = 1/2$ y $\Delta Sv = 0$. Notemos que en este último caso la incerteza se anula porque, en el estado inicial, las propiedades asociadas a Sv son POP o PONP. En la descripción del espín y de su medición que acabamos de ver han participado muchas características esenciales de la física cuántica, por lo que es posible que el lector se sienta algo atropellado por una avalancha de conceptos poco familiares. Estos conceptos aparecerán nuevamente en los próximos sistemas hasta adquirir cierta familiaridad. Es cierto, como dijo Feynman, que nadie entiende la mecánica cuántica; sin embargo, uno puede acostumbrarse a ella, como sucede a menudo con las relaciones humanas.

El sistema cuántico que analizaremos a continuación ya ha sido mencionado en varias ocasiones. Es el correspondiente a una partícula que se mueve libremente en una dimensión a lo largo de una línea sin ninguna fuerza que lo afecte. Los observables más importantes son: la posición, designada por X, y el impulso P, que es igual a la velocidad multiplicada por la masa mV. Además de estos observables, la energía es relevante y se la obtiene directamente del impulso a través de la relación $E = mV^2/2 = p^2/(2m)$. Los observables de posición e impulso están relacionados por el principio de incerteza, que indica que, en cualquier estado en que se encuentre el sistema, el producto de las incertezas de ambos observables no puede ser menor que $\hbar$ ($\Delta X. \Delta P \geq \hbar$). Lo anterior significa que, en un estado en el que la posición es bastante bien conocida —ΔX pequeño—, obligatoriamente el impulso será mal conocido (ΔP grande), y viceversa, un buen conocimiento de la velocidad, o impulso, implica un mal conocimiento de la posición.

En esta descripción verbal del principio de incertidumbre hemos utilizado la palabra "conocer", lo que podría sugerir que el mismo tiene carácter gnoseológico y que la incerteza es un problema nuestro, del observador, y no de la partícula o del sistema. Mencionamos anteriormente que también cabe la interpretación ontológica, donde las incertezas son inherentes al sistema, pues los observables no siempre tienen valores precisos asignados, sino valores difusos en ciertos estados del sistema. No existe ningún criterio experimental para discernir entre estas dos interpretaciones, lo que hace al planteo estéril, o "sin sentido" en la opinión de un positivista. (Sin pretender forzar, por el momento, ninguna toma de posición, el autor se adhiere a la interpretación ontológica, aunque aparezca como la más contraria a la intuición clásica. Pero autor y lector ya hemos aprendido a dudar de la intuición). Luego de esta larga salvedad supongamos el sistema preparado en un estado correspondiente a una excelente localización de la partícula: ΔX igual o muy cercana a cero. En esta condición estamos resaltando la propiedad de localidad característica de los cuerpos clásicos, por lo que recibe el nombre de estado "corpuscular" de la partícula. En dicho estado tendremos una muy mala definición del impulso y también de la energía. La energía es el observable que controla la evolución temporal de los sistemas, y todo estado que no tenga definida la energía con exactitud va a ser modificado en la evolución temporal. Como consecuencia, la buena localización del estado inicial se perderá con el transcurso del tiempo. En el otro extremo, suponiendo una preparación del sistema en un estado con excelente definición del impulso, por lo tanto, también de la energía, el estado cambiará poco (o nada, si $\Delta P = 0$), conservando la propiedad de tener una velocidad, o impulso fijo. Pero en este estado del sistema, casi nada podemos decir de su ubicación, ya que ΔX debe ser muy grande (o infinita, si $\Delta P = 0$). No es fácil imaginar una partícula con velocidad bien definida, pero sin ubicación definida. Sin embargo, sí conocemos sistemas clásicos con estas características: las ondas. Las ondas sobre la superficie del agua viajan con una velocidad definida, pero no están localizadas. Una ola en particular tendrá posición definida, pero el fenómeno ondulatorio está compuesto por todas las olas, conjunto sin localización precisa. El sistema cuántico en este estado exhibe características ondulatorias que pueden manifestarse en numerosos experimentos de difracción. Estos experimentos, evidentemente, no pueden hacerse en el sistema que estamos tratando, sino que se realizan en sistemas más cercanos a la realidad. En primer lugar debemos considerar partículas en tres dimensiones y no en una, como lo hemos hecho, ya que el espacio físico donde se encuentran los laboratorios es de tres dimensiones. En un experimento de difracción se debe hacer pasar la onda por una o varias pequeñas rendijas y observar las interferencias que se forman. Para que dichas interferencias se formen es necesario que el ancho y separación de las rendijas esté en relación con la longitud de onda. Al ser ésta muy pequeña, también aquéllas deberían ser tan pequeñas que no hay forma de construirlas con los materiales disponibles. Felizmente, la naturaleza nos brinda algo parecido a las rendijas: son los átomos dispuestos en forma regular en ciertos sólidos formando redes cristalinas. Al pasar una partícula, en el estado caracterizado por un valor muy preciso de su impulso, entre los átomos de un cristal, la misma será difractada. La efectiva realización de este tipo de experimento ha confirmado la predicción de la teoría. Los dos estados extremos que hemos considerado para una partícula en una dimensión corresponden a comportamientos distintos del sistema: uno corpuscular y el otro ondulatorio. El principio de incerteza indica que ambos comportamientos se excluyen mutuamente, porque corresponden a estados distintos del sistema que se obtienen de ΔX o ΔP muy pequeñas, no pudiendo ser ambas pequeñas simultáneamente. Comportamientos muy distintos de un mismo sistema en estados diferentes caracterizan la "dualidad ondulatoria-corpuscular de la materia". A pesar de que los conceptos clásicos de corpúsculo y de onda son opuestos, corresponden a dos posibles comportamientos del mismo sistema cuántico, y el principio de incertidumbre garantiza que dichos comportamientos contradictorios no se mezclen ni aparezcan simultáneamente.

¿Qué tiene de "cuántica" la mecánica cuántica? En el capítulo anterior, cuando se presentaron las características esenciales de esta teoría no apareció nada sobre cantidades discretas o "cuantums". Se dijo que las propiedades tienen asociadas probabilidades (cuya naturaleza aún no se comprende) y que entre los observables existe cierta dependencia que se manifiesta en restricciones para el valor de las incertidumbres asociadas, representadas en el formalismo por el producto de incertezas, que no puede ser menor que cierta cantidad. ¿Dónde está entonces lo cuántico? Cuando el sistema físico tiene cierta complejidad, es imposible satisfacer todas las condiciones que relacionan a los observables si los mismos pueden tomar cualquier valor numérico. Solamente para ciertos valores discretos es posible satisfacer todas las relaciones entre los observables. Estos valores discretos no aparecen en la física clásica, porque, como ya se dijo, los observables clásicos tienen mayor grado de independencia entre sí que los cuánticos. Es fácil entender que exigir ciertas relaciones entre variables trae como consecuencia que éstas sólo pueden tomar valores discretos en vez de tomar cualquier valor continuo, como sucede en ausencia de la restricción. Por ejemplo, considerando exclusivamente las técnicas reproductivas de dos especies, el número de individuos de éstas crecerá sin límite. Pero si se impone una condición de competencia entre ellas por un mismo territorio, sólo un valor para el número de individuos de cada especie es compatible con todas las condiciones. Un hombre puede tener cualquier edad, pero solamente para ciertas edades, aquélla es divisible por la edad de su hijo. Un caso más cercano a la física lo presenta la intensidad con que vibrará una caja de resonancia (de una guitarra, por ejemplo) ante la excitación de un sonido, cuya frecuencia (tono) varía en forma continua. La caja entrará en resonancia con ciertos valores precisos de frecuencia. Solamente a esas frecuencias, las ondas de sonido dentro de la caja interfieren positivamente, sumándose, en vez de anulándose. Algo similar sucede en ciertos sistemas cuánticos, donde sólo si algunas cantidades toman valores discretos, cuantificados, es posible satisfacer todas las relaciones de dependencia entre los observables. Hemos ya encontrado un ejemplo de esto, cuando vimos que el espín de un electrón toma el valor $1/2$ ó $-1/2$ y ningún otro valor intermedio, cualquiera sea la dirección en que lo midamos. El formalismo de la mecánica cuántica muestra que la cuantificación del espín surge como consecuencia de las relaciones entre diferentes componentes del mismo, o sea, entre diferentes proyecciones de la "flecha" que lo representa. No están dadas aquí las condiciones para demostrar dicha cuantificación rigurosamente, aunque, para el lector, es aceptable que las relaciones de dependencia entre los observables bien pueden ser las que la generan.

En el sistema cuántico que presentaremos a continuación, llamado "oscilador armónico", se presenta el fenómeno de la cuantificación, resultando que la energía del mismo sólo puede tomar ciertos valores discretos. Supongamos una partícula que se mueve en una dimensión, con observables de posición e impulso X y P respectivamente. Supongamos, además, que dicha partícula está sometida a una fuerza que tiende a mantenerla en la posición $X = 0$. Si la partícula se desplaza hacia la derecha, la fuerza actuará hacia la izquierda con una intensidad proporcional a la distancia que ésta ha recorrido. Si, por el contrario, la partícula se ha desplazado hacia la izquierda, la fuerza será hacia la derecha. Este tipo de fuerza se puede realizar fácilmente, en un sistema clásico, ligando la partícula con un resorte, como en la Figura 7.

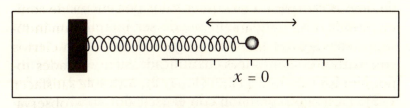

FIGURA 7. *Oscilador armónico clásico: una masa ligada por un resorte.*

Está claro que la partícula oscilará alrededor de la posición $X = 0$ con una energía cinética proporcional a p^2 y una energía potencial (debida a la fuerza del resorte) proporcional a X^2, siendo la energía total $H = X^2 + p^2$ (hemos ignorado el valor de las constantes de proporcionalidad, considerándolas iguales a 1). Los observables de este sistema cuántico son $\{X, P, H \dots\}$. Considerado como un sistema clásico, es posible que la partícula esté en reposo absoluto, o sea con velocidad (impulso) igual a ce-

ro en la posición de reposo. En este estado, caracterizado por las propiedades $X = 0$ y $P = 0$, la energía total también se anula. Sin embargo, sabemos que un estado tal es
imposible en el sistema cuántico, porque el principio de
incertidumbre ΔX, $\Delta P \geq \hbar$ nos prohíbe fijar con exactitud
el valor de la posición $X = 0$ y del impulso, $P = 0$. Por esta
razón, el valor mínimo de energía del oscilador no puede ser cero. Si ΔX no es igual a cero, la partícula tendrá
cierto valor de energía potencial, y si ΔP no se anula, tendrá cierta energía cinética y la suma de ambas no podrá
ser menor que $\hbar/2$. La imposibilidad de que la partícula
permanezca en total reposo en el origen con cero energía contradice el comportamiento esperado del oscilador clásico.

Así como las relaciones entre X, P y H impiden que la
energía tome valores por debajo de $\hbar/2$ también se puede demostrar que no cualquier valor por encima de éste
es posible. La energía sólo puede ser incrementada en
cantidades iguales a $\hbar$. La energía del oscilador armónico cuántico está entonces cuantificada, siendo solamente
posibles los valores $\hbar\, 1/2$, $h\, (1 + 1/2)$, $\hbar.(2 + 1/2)$, $\hbar.(3 +
1/2)$..., en contraposición con el oscilador armónico clá-
sico, donde todo valor de energía es posible.

En la naturaleza se presentan sistemas cuánticos similares al oscilador armónico que hemos estudiado. Un ejemplo lo brindan ciertas moléculas formadas por dos átomos
separados por una distancia, como si estuvieran ligadas
por un resorte. Los átomos pueden vibrar acercándose y
alejándose con valores de energía acordes a los calcula-
dos para el oscilador armónico. No es posible aumentar
el valor de energía de dichas moléculas en cualquier cantidad, sino solamente en las cantidades correspondientes
a transiciones entre los valores discretos de energía del
oscilador armónico.

El sistema cuántico que describiremos a continuación tiene gran importancia porque es un modelo para el más sencillo de los átomos, el átomo de hidrógeno. Consideremos una partícula con carga eléctrica positiva que se encuentra fija en un punto del espacio de tres dimensiones. La partícula corresponde al núcleo del átomo. Alrededor de éste, puede moverse una partícula con carga negativa, el electrón. Debido a las cargas eléctricas, el electrón será atraído por el núcleo con una fuerza proporcional a la inversa de la distancia al cuadrado. Esta fuerza, llamada "fuerza de Coulomb" implica que, cuando el electrón se encuentra a una distancia R del núcleo, tiene una energía potencial proporcional a $1/R$. Además, por el hecho de estar moviéndose con impulso P, tiene una energía cinética proporcional a $p2$, siendo entonces la energía total $H = 1/R + p2$ (nuevamente hemos tomado las constantes de proporcionalidad igual a 1). Supongamos ahora el sistema cuántico en un estado caracterizado por un valor fijo de energía E, o sea, dado por la propiedad $H = E$, siendo $\Delta H = 0$. De modo similar a lo que sucede con el oscilador armónico, sólo es posible conciliar las relaciones entre R, P y H con valores discretos de energía. La energía del átomo de hidrógeno está cuantificada. Es imposible hacerla variar en forma continua, sólo puede saltar entre los valores permitidos. Supongamos un átomo de hidrógeno en un estado con energía E_2 que "salta" a otro estado de menor energía E_1. Debido a la conservación de energía, en el salto se debe radiar, o descargar, la diferencia de energía $E_2 - E_1$, que se escapará en forma de un fotón (luz).

Consideremos ahora no un átomo solo, sino un gas con muchos millones de átomos de hidrógeno a alta temperatura, todos chocando entre sí, fuertemente agitados, absorbiendo fotones y emitiendo fotones cada vez que hacen una transición entre diferentes estados de energía. Este gas a alta temperatura emitirá y absorberá luz de energía correspondiente a las posibles transiciones entre los niveles de energía de los átomos. Si bien antes del advenimiento de la mecánica cuántica se conocían experimentalmente, y con gran precisión, los valores de la energía de la luz emitida y absorbida en dicho gas, estas cantidades discretas de energía no podían explicarse con la física clásica del siglo pasado. Uno de los grandes triunfos del formalismo de la mecánica cuántica fue poder explicar con gran precisión los datos experimentales. Pero no sólo tuvo éxito en la descripción del átomo de hidrógeno, también puede calcular los niveles de energía de otros átomos con gran número de electrones. Estos cálculos se hacen cada vez más complicados y engorrosos requiriendo, en algunos casos, la utilización de computadoras para obtener resultados numéricos que se confirmen experimentalmente.

El éxito de la mecánica cuántica en la descripción del átomo se extendió en dos direcciones: por un lado, se pudo calcular satisfactoriamente el comportamiento de grupos reducidos de átomos formando moléculas y, más aún de un número enorme de átomos dispuestos regularmente formando cristales. En esta dirección, la mecánica cuántica permitió el estudio de sistemas de muchos átomos dispuestos en forma irregular integrando sólidos amorfos y gases. A través de la mecánica cuántica, la química, la física del sólido y la mecánica estadística han podido entender y explicar fenómenos tan variados como las afinidades químicas entre diferentes elementos, la conductividad eléctrica y térmica de los materiales, el magnetismo, la superconductividad, los colores de los materiales, y muchos otros fenómenos que no pueden encontrar explicación en el contexto de la física clásica. En la otra dirección, hacia lo más pequeño, la mecánica cuántica fue necesaria para entender la estructura del núcleo de los átomos, que no es simplemente una partícula pesada con carga, sino que tiene estructura interna y está compuesta por otras partículas llamadas protones y neutrones, ligadas por fuerzas fuertes, mucho más fuertes que las fuerzas de Coulomb que ligan al átomo. El estudio teórico y experimental de dichas fuerzas llevó al descubrimiento de un gran número de nuevas partículas, cuyos comportamientos requieren la aplicación, nuevamente exitosa, de la mecánica cuántica. Pero la historia no termina aquí. Tampoco estas partículas son elementales, sino que, a su vez, tienen una estructura interna y están formadas por otras partículas, los *quarks,* que también deben ser estudiadas con la mecánica cuántica. Esta maravillosa teoría se encuentra en la base de la física nuclear y de la física de partículas elementales. Podemos estar orgullosos de ella, pues su formalismo ha triunfado en las más diversas aplicaciones. Sin embargo, este brillo será empañado cuando veamos que tan espléndido formalismo no tiene una interpretación clara, sin ambigüedades, universalmente aceptada entre la comunidad de físicos. Nuevamente: estamos haciendo algo bien, pero nadie sabe qué es.

VII. Entre gatos, argumentos y paradojas: teoría de la medición; argumento de Einstein, Podolsky y Rosen

EN CAPÍTULOS ANTERIORES se ha visto la estructura y aplicación de esta extraña y exitosa teoría que es la mecánica cuántica. Hemos educado la intuición para hacer aceptables algunos elementos asombrosos que violan nuestra expectativa clásica. Sin embargo, la nueva intuición no es suficiente para resolver las graves dificultades que se presentan relacionadas con lo que parecería un asunto sencillo: el significado de la medición. Dedicaremos la primera parte de este capítulo al estudio de tales dificultades, las que quedarán planteadas pero, desafortunadamente, no todas resueltas. Y no porque el lector no esté capacitado para comprender la solución, sino porque no existe ningún físico que pueda brindarla. En la segunda parte del capítulo nos ocuparemos del análisis de un argumento presentado por Einstein, Podolsky y Rosen que ha asumido el papel protagónico en la búsqueda de significado para la mecánica cuántica.

El problema de la medición en la mecánica cuántica es similar a otros problemas que no presentan ningún obstáculo, excepto cuando uno intenta profundizar en el conocimiento. Entonces las dificultades se hacen insuperables. Así ocurrió cuando pretendimos demostrar algo aparentemente tan simple como la existencia del mundo externo. Un investigador dijo que, con respecto a la medición, los físicos se dividen en dos grupos: los que no encuentran ningún problema y los que encuentran un problema que no tiene solución. El lector que desee asociarse al primer grupo, puede hacerlo y pasar directamente a la segunda parte de este capítulo, donde se trata el argumento planteado por Einstein, Podolsky y Rosen.

La medición en física clásica no plantea dificultades tan graves como las que aparecen en la medición cuántica. Para comprender esta diferencia consideremos la estructura idealizada con que se puede describir toda medición. En ella intervienen tres partes: un sistema físico S, con algún observable B que se desea medir; un aparato de medición *A,* diseñado para medir dicho observable, con un visor donde aparecen los números *b* en los que resulta la medición; finalmente, un observador *O,* que lee el valor *b* en el visor del aparato y hace la inferencia "el sistema *S* tiene la propiedad *B = b*" (Figura 8).

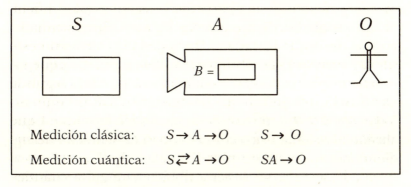

FIGURA 8. *Elementos de una medición: el sistema físico, el aparato y el observador.*

En el proceso de medición, el sistema *S* y el aparato *A* interactúan modificándose mutuamente. En el caso clásico, el sistema va a actuar sobre el aparato y lo va a modificar hasta hacer aparecer en el visor el valor *b.* El aparato actúa sobre el observador que, modificando su estado de conciencia, adquiere el conocimiento de ese valor. En la figura, la acción del sistema sobre el aparato y la de ése sobre el observador aparecen representadas por flechas. La transitividad de esas flechas permite al observador hacer una inferencia sobre el valor del observable *B* en el sistema, salteando el aparato. En este caso clásico hemos considerado despreciable la acción del aparato sobre el sistema, lo que se justifica por los enormes valores de acción que caracterizan tanto a uno como al otro. Tal consideración, ya hemos visto, no se justifica cuando el sistema es cuántico. En ese caso estamos obligados a incluir una flecha que va del aparato al sistema, rompiéndose la transitividad. Como consecuencia, la inferencia que hace el observador ya no involucra solamente al sistema, sino a la combinación del aparato y el sistema, complicación que, a menudo, olvida. Sin ir más lejos, cuando observamos la posición de una partícula y decimos que $X = 5$ m es una propiedad de la partícula. Para ser rigurosos deberíamos decir que lo caracterizado por el valor 5 en el visor del aparato es la combinación de la partícula y el aparato de medición. Quienes adoptan una postura filosófica positivista no se enfrentan con esta dificultad, porque, de todas maneras, se abstienen de cualquier frase que haga alusión al sistema físico como entidad existente independientemente del observador. Para ellos, $X = 5$ es la "única realidad", que no puede ser atribuida a ninguna otra realidad más allá del fenómeno inmediato. En cambio, la dificultad puede complicarse si tenemos en cuenta que no es posible excluir con absoluta certeza la existencia de alguna acción del observador sobre el aparato, ya que ambos pueden ser considerados también sistemas cuánticos. Otra cuestión a considerar es que el límite entre el observador y el aparato puede ser desplazado, tomando los ojos del físico, su retina, el nervio óptico, y todo el resto como parte del aparato, de modo que sólo quedaría la conciencia como único observador. No vamos a insistir en estas dificultades. Es de suponer que si algún lector pensaba que la medición no es problema, ya ha cambiado de opinión. Si no lo ha hecho, más motivos de confusión serán presentados.

Muchas dificultades asociadas a la medición se deben a que, en algunos casos, la mecánica cuántica no asigna valores precisos a los observables, mientras que el resultado de una medición es siempre un valor preciso. En el capítulo V, entre los aspectos esenciales de la teoría cuántica señalamos que la transición entre el estado inicial del sistema, previo a la medición, caracterizado por valores difusos, y el estado final del mismo, donde el observable adquiere exactitud, implica un cambio violento, denominado el "colapso del estado", cuyas causas no están identificadas.

Para ilustrarlo consideremos nuevamente el simple sistema de una partícula en una dimensión. Supongamos que el estado del sistema se caracteriza por la propiedad de estar en reposo, o sea $P = 0$, con ΔP muy pequeña (o cero). El principio de incerteza dicta que, en este estado, ΔX debe ser muy grande (o infinita). La posición no tiene asociado un valor preciso, sino difuso. En lugar de considerar la posición X, consideremos otro observable más simple relacionado con ella que podemos denominar "quirialidad" Q, y que definimos de la siguiente manera: si la partícula está ubicada "a la derecha" de cierto punto (por ejemplo, $X = 0$), decimos que el sistema tiene quirialidad igual a uno, $Q = 1$, y si está "a la izquierda", $Q = -1$. El pedante nombre elegido, quirialidad, hace alusión a la "mano" *(cheir,* en griego) derecha o izquierda. En el estado mencionado, en el que la posición de la partícula no está bien definida, la quirialidad tampoco tiene asociado un valor preciso; demos una probabilidad $1/2$ para $Q = 1$ y $1/2$ para $Q = -1$, vale decir 50% de probabilidades a la derecha y 50% a la izquierda. La partícula no está ni a la derecha ni a la izquierda, ya que las propiedades $Q = 1$ y $Q = -1$ no son ni POP ni PONP, sino PP. Supongamos ahora que hacemos un experimento para determinar la quirialidad que resulta en $Q = 1$. Esto es, la partícula queda a la derecha después del experimento, siendo, en este nuevo estado, $Q = 1$ una POP y $Q = -1$ una PONP. El experimento, por más simple que sea, ha producido algo brutal que equivale a destruir la tendencia de la partícula a existir a la izquierda y trasladarla a la derecha. El estado pasó violentamente ("colapsó") de estar igualmente distribuido a la derecha e izquierda a estar distribuido con certeza a la derecha.

Para resaltar dramáticamente la violenta transición que se produce en la medición, L. de Broglie propuso una situación similar a la descripta más arriba que consiste en meter la partícula en un tubo, cortar éste por la mitad y enviar las partes, tapadas, una a Tokio y la otra a París. La observación de la partícula en París debe producir instantáneamente la aniquilación de la semi-existencia de la misma en Tokio y la transformación de la semi-existencia en París a una existencia total. ¡Es un sapo difícil de tragar! Un intento por hacer esto más aceptable sería adoptar la postura de que el principio de incerteza no implica una limitación "ontológica" sino "gnoseológica". Esto es, que la partícula sí tiene posición bien definida, además del impulso, pero la mecánica cuántica no nos permite calcularla. La partícula ya estaba en París antes de que la observemos y el "colapso" no se produce en el estado del sistema, sino en nuestro conocimiento del mismo. Esta solución parece bastante aceptable; sin embargo, más adelante veremos que, en otro nivel, tiene las mismas dificultades que la opción ontológica. La suposición de que la mecánica cuántica es correcta pero no puede calcular la posición con exactitud, implica la existencia de variables ocultas que determinan los valores exactos para todos los observables, aun los relacionados por el principio de incerteza. Veremos que dichas variables no pueden ser "locales", por lo que la observación hecha en París debe modificar el valor de las mismas en Tokio. Es el mismo sapo a tragar.

El ejemplo anterior mostraba que la medición debe tener efectos catastróficos en el estado del sistema cuando se mide algún observable cuyas propiedades no son POP ni PONP, sino PP en dicho estado. Más asombroso es este hecho cuando la medición no implica ninguna acción física conocida sobre el sistema, como sucede en los experimentos de resultado negativo. A modo de ejemplo, analizaremos una versión simplificada de una propuesta de Renniger. Supongamos que colocamos en el medio de un tubo, cuyos dos extremos están abiertos, un átomo que, en un instante conocido t_0, envía un fotón.

Recordemos que un fotón es una partícula de luz que viaja a la velocidad de la luz, tiene masa nula y es característico del estado corpuscular de las "ondas" electromagnéticas. El instante t_0 de radiación del fotón puede ser conocido mediante un detector cercano al átomo. Dicho fotón tiene igual probabilidad de ser emitido hacia la derecha o hacia la izquierda, por lo que la quirialidad Q del mismo es incierta, siendo las propiedades $Q = 1$ y $Q = -1$ PP. Supongamos que sólo en la salida de la derecha del tubo se coloca un detector que indicará, en el instante t_1, si el fotón sale por la derecha. El instante t_1 se conoce a partir de t_0 calculando el tiempo que tarda el fotón, a la velocidad de la luz, en alcanzar la salida del tubo. Si en el instante t_1, el detector indica que el fotón salió por la derecha, se produce el colapso del estado en el que $Q = 1$ y $Q = -1$ son PP al estado en el que $Q = 1$ es POP. Esto es similar a lo visto anteriormente y podemos pensar que las modificaciones producidas en el detector han participado para causar la brutal transición. Sin embargo, supongamos ahora que, en el instante t_1, el detector no indica nada, queda en silencio. Significa que el fotón viaja hacia la izquierda y se produce el colapso desde el estado donde $Q = 1$ y $Q = -1$ eran PP al estado donde $Q = -1$ es POP: ¡pero no ha habido ninguna interacción física conocida!

Deducimos entonces que no es posible responsabilizar del colapso a las transformaciones físicas que tienen lugar en los instrumentos de medida. Lo único que ha variado es el conocimiento del físico que controla el detector. ¿Es posible que la conciencia del observador sea lo que produce el colapso? El análisis de esta cuestión ha llevado a varias paradojas, siendo las más famosas las de "el gato de Schrödinger" y "el amigo de Wigner". Presentaremos la primera.

Supongamos un sistema similar al anterior, con un átomo en un tubo que emitirá, en t_0, un fotón que puede dirigirse con igual probabilidad hacia la derecha o hacia la izquierda. A la derecha tenemos el detector que, en el caso de salir el fotón por ese lado, accionará un mecanismo que rompa un frasco lleno de veneno, que matará a un pobre gato que se encuentra cerca. Si el fotón escapa hacia la izquierda, el gato vive. El estado con $Q = 1$ es equivalente a "gato muerto" y con $Q = -1$ a "gato vivo". Todo este cruel dispositivo está tapado. Una vez transcurrido un largo tiempo después de t_1, o sea bastante tiempo después de que el fotón haya salido del tubo, no se sabe o no está definido por dónde el físico hace la observación, que consiste en destapar el dispositivo experimental y tomar conciencia, por ejemplo, de que el gato está vivo. Si es su conciencia la que ha producido el colapso, significa que antes de destapar, el gato estaba en un estado no definido de vida-muerte, vale decir, donde estas propiedades no son POP ni PONP. Sólo en el momento de destapar, que es cuando el físico toma conciencia del resultado del experimento, el gato "se decide" por vida o muerte. Los lectores que tienen gato seguramente encuentran esto inaceptable y aseguran que el gato, antes que el físico tome conciencia, se sentía con vida, o... El observador podría haber postergado su observación hasta el día siguiente, con lo que se hubiera prolongado en 24 horas el estado de indefinición del pobre gato. Que sea la conciencia del observador lo que produce el colapso o, al menos, la que determine el instante en que éste se produce, es también un gato difícil de tragar. Nuevamente resaltamos que afirmar que el gato ya estaba muerto o seguía vivo antes de que el físico destape la jaula y tome conciencia del estado, donde lo único que hace el físico es tomar conocimiento de un estado preexistente, implica afirmar que la mecánica cuántica es correcta pero no contiene toda la información sobre el sistema físico. Esto es, que existen en la realidad ciertas características relevantes que permanecen ocultas, o, en otras palabras, que la mecánica cuántica no es completa. Veremos más adelante que esta solución a las dificultades planteadas por la medición presenta nuevos inconvenientes que la hacen no tan atractiva.

La conclusión que podemos sacar hasta ahora es que el problema de la medición en la mecánica cuántica dista mucho de estar resuelto. La ausencia de una interpretación clara de la teoría y la urgente necesidad de encontrarla se manifiestan aquí dramáticamente. En lo que resta del capítulo se presentará un argumento del cual surgen varias alternativas de interpretación que serán discutidas más adelante.

El argumento de A. Einstein, B. Podolsky y N. Rosen (EPR) ocupa un lugar central en el debate cuántico, porque el mismo ha dado lugar a varias interpretaciones de la mecánica cuántica, claramente diferentes y opuestas. A pesar de su importancia y de que, por haber sido publicado en 1935, es anterior a la edición de casi todos los libros de texto que se utilizan para el aprendizaje de la mecánica cuántica, estos textos, con raras excepciones, ignoran dicho argumento. Su ausencia resulta aún más sorprendente si se tiene en cuenta que el argumento de EPR es extremadamente fácil de presentar, al punto que puede incluírselo en una obra de divulgación, como ésta, en su plenitud, sin simplificaciones que lo desvirtúen, pues es accesible a toda persona culta y no presenta dificultad alguna para un estudiante de física. Todo esto hace pensar que el silencio en torno del argumento es intencional y que está motivado por una decisión de ignorar las dificultades de interpretación que aquejan a la mecánica cuántica. Tal intento por callar el problema no es neutro, sino que favorece una interpretación "ortodoxa" de la teoría que se adoptó en sus principios, sustentada por la enorme autoridad, bien merecida, de Bohr, Heisenberg y otros de sus fundadores. Hoy, la mayoría de los físicos que investigan temas fundamentales de esta teoría no se adhieren a dicha interpretación y encuentran necesaria una actitud más crítica en la didáctica de la física cuántica.

En muchas publicaciones, el argumento de EPR recibe el nombre de "paradoja" de EPR. Esta denominación es incorrecta y puede llevar a que se malinterpreten su significado y contenido. Etimológicamente, "paradoja" significa más allá, opuesto o contradictorio a la doctrina, o a lo convencionalmente aceptado. Éste no es el caso del argumento de EPR. En otro significado, la palabra implica un resultado verdadero aunque en apariencia absurdo, o también, llegar a una conclusión evidentemente falsa o absurda por un razonamiento aparentemente correcto (como en la paradoja de los mellizos o la de la liebre y la tortuga). "Resolver" la paradoja sería, entonces, encontrar el error de razonamiento que se halla oculto. Éste tampoco es el caso del argumento de EPR, el cual sí llega a una conclusión asombrosa, pero con una lógica perfecta y sin contradecir ninguna doctrina, simplemente porque no la hay, al no existir aún una interpretación para la mecánica cuántica.

Einstein fue uno de los precursores de la mecánica cuántica con su postulado de un estado corpuscular, el fotón, para las ondas electromagnéticas, o sea la luz. Estos "cuantums" de luz permitieron aclarar el efecto fotoeléctrico, que escapaba a todo intento de explicación con la física clásica. El descubrimiento de una contraparte corpuscular a la onda fue completado por L. de Broglie, quien descubrió una contraparte ondulatoria a los corpúsculos al postular que toda partícula presenta estados decriptos por una onda. Ambos hallazgos, junto con la idea inicial de Planck de cuantificar la energía de radiación, fueron los primeros destellos de la revolución cuántica. Luego apareció la ecuación, de Schrödinger, cuyas soluciones corresponden a las ondas, a las cuales M. Born les asignó una interpretación probabilística. Siguió el principio de incertidumbre y emergieron las ideas de indeterminismo y acausalidad. En esta etapa, Einstein y otros de los precursores se distanciaron de Bohr, Heisenberg y Born al no aceptar las corrientes filosóficas positivistas por las que se deslizaba la teoría, Einstein estaba convencido de que la misma era errónea e intentó derrumbarla atacando uno de sus pilares básicos: el principio de incertidumbre. El debate, que ha sido comparado a una pugna entre gigantes liderados por Einstein y Bohr, alcanzó su clímax en el Sexto Congreso Solvay, realizado en el año 1930 en Bruselas. Numerosos físicos se habían reunido a discutir sobre magnetismo, aunque la física cuántica, sin duda, iba a ocupar una parte importante del debate. Einstein presentó allí un argumento que intentaba demostrar que el principio de incertidumbre podía ser violado en un experimento, irrealizable por motivos técnicos, pero, en principio, posible. Él manejaba con maestría estos *Gedankenexperimente,* experimentos imaginarios o mentales: ascensores en caída libre, trenes con señales luminosas a velocidades cercanas a la de la luz, y en este caso, una caja llena de fotones. La versión del principio de incerteza que Einstein atacó era la relación tiempo-energía: la energía de un sistema cuántico que ha sido preparado en un proceso de duración ΔT, debe ser imprecisa en una cantidad ΔE, relacionadas ambas por: $\Delta E. \Delta T \geq \hbar$. El sistema cuántico que ideó Einstein consiste en un fotón que dejamos escapar de una caja por un obturador abierto durante el tiempo ΔT, que podemos hacer tan pequeño como deseemos, al ser éste accionado por un reloj (suizo) de precisión infinita, que se encuentra dentro de la caja. El principio de incertidumbre nos prohíbe una determinación de la energía del fotón con precisión ΔE arbitrariamente pequeña. Sin embargo, Einstein propuso que esto debería ser posible pesando con toda tranquilidad, o sea con infinita precisión, la caja antes y después de que el fotón escape. La diferencia en la masa de la caja nos da, con precisión tan grande como queramos, la energía del fotón, usando la relación $E = mc^2$. En la Figura 9 vemos el dispositivo experimental propuesto para violar (aparentemente según veremos) el principio de incertidumbre.

Las consecuencias que este argumento hubiese tenido son enormes porque hacía tambalear la base misma de la teoría cuántica. Es difícil imaginar el grado de preocupación que causó en Bohr. Él no podía tolerar que este sencillo argumento, aparentemente irrefutable, destruyese en forma irremediable la mecánica cuántica. Debía encontrar un error, y lo encontró. A la mañana siguiente, después de una noche sin dormir, Bohr presentó una refutación al argumento de Einstein utilizando nada menos que la teoría de relatividad general del mismo Einstein.

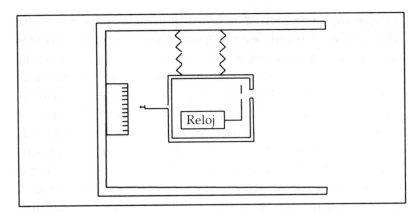

FIGURA 9. *El principio de incertidumbre puesto a prueba con la caja de fotones.*

Fue un golpe maestro. Bohr le recordó a Einstein que, según la relatividad general, un intervalo de tiempo, medido por un reloj que se ha desplazado en un campo gravitatorio, es modificado como lo indica un famoso resultado conocido con el nombre de "corrimiento al rojo". El reloj que controla al obturador sufre dicho desplazamiento al moverse la caja de fotones. Tomando en cuenta este efecto, resulta nuevamente la relación $\Delta E.\ \Delta T \geq \hbar$, y la mecánica cuántica permanece a salvo. Einstein quedó con-vencido... pero no satisfecho. A partir de ese momento, ya no intentó demostrar que la mecánica cuántica era inconsistente o incorrecta, sino que se dedicó a demostrar que era incompleta, lo que significa que la teoría no contiene todas las características del sistema cuántico, que existen en la realidad algunos elementos que aquella no ha formalizado. La mecánica cuántica sería verdad, pero no toda la verdad y se podrían aceptar las probabilidades, incertidumbres, indeterminismos y acausalidades como las consecuencias de la falta de completitud de la teoría.

En la física existen teorías muy útiles que no son completas, por ejemplo, la termodinámica. En ella, observables relevantes son, entre otros, el volumen, la presión, la temperatura; pero no tiene en cuenta observables tales como la posición de cada molécula de un gas. La termodinámica resulta de promediar todas las variables individuales de las moléculas ocupándose de cantidades globales que involucran el conjunto de moléculas. Se plantea, entonces, la cuestión sobre si la mecánica cuántica es una teoría que surge de promediar algunas variables ocultas pero relevantes en la realidad. El argumento de EPR fue diseñado para responder afirmativamente dicho planteo, aunque los análisis posteriores indican que es más interesante cuestionar la validez de las hipótesis que llevan a la respuesta. En 1935, Einstein publicó junto a Podolsky y Rosen un trabajo con el título "Can Quantum Mechanical Description of Physical Reality be Considered Complete?" ("¿Puede ser considerada completa la descripción que la mecánica cuántica hace de la realidad?"). Este trabajo es una obra maestra en su precisión, claridad y rigor. Einstein no podía permitir que contuviera la más mínima falla o imprecisión, porque sabía que Bohr pondría toda su potencia intelectual en la búsqueda de un error. Presentaremos la versión del argumento de EPR de un modo adecuado a esta obra, pero conservando el espíritu y rigor del desarrollo original.

En el argumento de EPR participan cinco ingredientes, designados por los símbolos LC, FMQ, REA, COM, SEP, que definiremos con todo cuidado. Algunos de estos ingredientes (FMQ, REA, COM) aparecen explícitamente en el trabajo original y otros (LC, SEP) están implícitos pero no se los menciona, pues se los consideraba tan obvios y evidentes que no era necesario presentarlos. Sin embargo, debido a desarrollos posteriores, hoy es importante incluirlos.

• LC. En el argumento de EPR, como en cualquier otro argumento, se razona. Esto es, se hacen deducciones del tipo: tal cosa implica tal otra, o es falso negar algo correcto, etc. Los razonamientos son considerados correctos cuando se atienen a la Lógica Clásica, que no es otra que la lógica aristotélica, formulada con gran precisión. Designamos entonces con LC, al conjunto de reglas de inferencia que rigen el razonamiento correcto. Mencionar LC como un ingrediente parece una perogrullada, pero veremos que resulta sumamente interesante considerar la posibilidad de que esta hipótesis sea falsa. Haciendo un paréntesis, vale la pena notar la enorme falta de lógica que se puede detectar en la argumentación cotidiana, en las fascinantes discusiones de café, y también, lo que es muy grave, en los discursos políticos. Argumentos tales como: hacer tal cosa está mal, porque si todos hicieran lo mismo... (con esto se podría demostrar que está mal estudiar física, o hacer poemas, o cualquier otra cosa); o bien: tal cosa es buena, porque todo el mundo lo hace... (miles de billones de moscas no pueden equivocarse). *Si vis pacem para bellum* (Bertrand Russell, en un ensayo sobre lógica, con mucho humor e ironía, utiliza como ejemplo de una frase cuya validez es evidente e indiscutible; la frase: "todos los proverbios latinos son falsos"). Cerramos este paréntesis recreativo y continuamos presentando las componentes del argumento de EPR.

• FMQ. Con este símbolo vamos a designar la hipótesis según la cual el Formalismo de la Mecánica Cuántica permite hacer predicciones correctas (que se comprueban experimentalmente) sobre el comportamiento de los sistemas cuánticos. En pocas palabras, que la mecánica cuántica es correcta. Varias veces mencionamos ya el enorme éxito que ha tenido su formalismo, no sólo por la precisión numérica con que ha sido confirmado, sino también por la diversidad de sistemas físicos en que ha sido aplicado. Creo que no existen físicos serios que cuestionen la validez de esta hipótesis (notar que se está hablando del formalismo, no de alguna interpretación).

• REA. Estas siglas pasarán a denotar cierta postura filosófica realista, que, si bien es compatible con el realismo presentado en un capítulo anterior, también puede ser aceptada por un positivista moderado. Fue una estrategia de gran inteligencia adoptar esta versión debilitada o suavizada del realismo, porque su negación lleva, obligatoriamente, a quien se oponga a ella, a adoptar una postura positivista extrema, con las consecuencias, discutidas anteriormente, que ello implica. EPR reconocen que no se pueden determinar los elementos de la realidad física sin acudir a una observación, por lo tanto no requieren una adopción del realismo como el postulado presentado anteriormente, sino que se conforman con un criterio suficiente para afirmar la existencia de algún elemento de la realidad física. Ellos dicen: "Si se puede predecir con exactitud el valor de un observable sin modificar de ninguna manera el sistema, entonces existe un elemento de realidad física en el sistema asociado a dicho observable." Notemos primero que éste es un criterio suficiente, o sea que no pretende abarcar todos los elementos de la realidad. Sólo requiere que, si se puede asignar un valor exacto a algo, sin modificar el sistema, entonces debe existir, para ese "algo", una realidad. Lo contrario es bastante incomprensible: que se pueda calcular algo precisamente y que no haya nada en la realidad asociado a lo que se calcula. Notemos además que si se postula la existencia de la realidad objetiva (realismo fuerte), este criterio de existencia de un elemento de la realidad física es perfectamente aceptable, pero también lo es sin necesidad de dicho postulado y puede ser adoptado por un positivista como un criterio razonable.

• COM. Cualquiera sea el significado preciso de completitud, es necesario que una teoría considerada completa pueda calcular valores precisos para todos los elementos de la realidad física del sistema. Si existe un elemento de la realidad física que la teoría no abarca, entonces ésta es incompleta. Designamos como COM la afirmación de que el formalismo de la mecánica cuántica es completo.

• SEP. Supongamos un sistema físico S formado por dos subsistemas S_1 y S_2, por ejemplo un átomo que, por un proceso llamado fisión, se parte en dos átomos que se separarán especialmente, o el de dos partículas que se alejan después de chocar. Ambos son sistemas compuestos por dos subsistemas que estarán ubicados a cierta distancia $D(S_1, S_2)$. Decimos que dicho sistema es Separable si, para un valor suficientemente grande de $D(S_1, S_2)$, cualquier modificación o medición que se haga en uno de sus subsistemas, S_1, por ejemplo, deja inalterados los elementos de la realidad física del otro subsistema, S_2. En otras palabras, si las partes están suficientemente lejanas, cualquier cosa que hagamos en una de ellas no puede modificar a la otra en un sistema separable. Considerando que la distancia entre los subsistemas puede ser cualquiera, un metro, mil, o millones de años luz, la validez de esta hipótesis es aparentemente indiscutible, motivo por el cual, EPR ni se molestaron en postularlo explícitamente, aunque aparece, en forma implícita, como parte necesaria en el argumento.

Todos los ingredientes presentados, que son la totalidad de los elementos que participan en el argumento de EPR, parecen ser de validez aceptable. Para cada uno de ellos, tomados individualmente, se puede encontrar, al menos un físico que defienda a ultranza su validez. Si consideramos, además, que los físicos son gente seria, coherente, que comparte un lenguaje y criterios científicos comunes, llegamos a la conclusión de que todos los ingredientes, tomados en conjunto, son válidos. El maravilloso argumento de EPR demuestra la falsedad de esta última afirmación, o sea que ¡al menos uno de los ingredientes es falso! Es contradictorio afirmar la validez de todos juntos. En honor a la precisión del argumento, presentamos este resultado formalmente, utilizando símbolos lógicos. El símbolo $\vdash$ significa "es verdad que" o bien "se demuestra que". El símbolo $\neg$ es la negación, vale decir que puesto antes de una proposición o hipótesis se lee "es falso que". Finalmente, el símbolo $\vee$ es la conjunción "o". En lenguaje formal, el argumento de EPR dice:

$$\vdash \neg LC \vee \neg FMQ \vee \neg REA \vee \neg COM \vee \neg SEP$$

Y en palabras: se demuestra que es falsa la lógica clásica, o es falso el formalismo de la mecánica cuántica, o es falso el realismo débil que permite definir los elementos de la realidad física, o la mecánica cuántica no es completa, o los sistemas físicos no son siempre separables. Así presentada, la forma del argumento de EPR es neutra, sin que se favorezca ninguna de las alternativas que surgen del mismo: al menos una de las proposiciones LC, FMQ, REA, COM, SEP es falsa. Ya mencionamos que EPR diseñaron el argumento tendiendo a demostrar $\neg$ COM. O sea que la fórmula lógica que demostraron es equivalente a la anterior y se puede escribir: $(LC \wedge FMQ \wedge REA \wedge SEP) \rightarrow \neg$ COM, donde el símbolo $\rightarrow$ significa "implica" y $\wedge$ significa "y". En palabras: EPR demostraron que, si son válidos la lógica clásica y el formalismo de la mecánica cuántica, y si se acepta el realismo y la separabilidad de todos los sistemas, entonces la mecánica cuántica no es completa. (Es fácil demostrar, con lógica formal o con sentido común, que ambas formulaciones son equivalentes, aunque la demostración puede complicarse si se niega LC.)

Demostraremos ahora este importante teorema. Para hacerlo utilizaremos el sistema físico, formado por dos partículas (1 y 2) que se mueven en una dimensión y que pueden provenir de la degradación de otra partícula inicial o haber tenido alguna interacción en el pasado, poco importa (Figura 10).

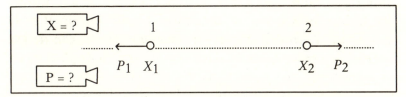

FIGURA 10. *El sistema físico usado en el argumento de* EPR.

Éste es un sistema compuesto por dos subsistemas que constituyen cada una de las partículas. Algunos observables estarán asociados a los subsistemas, por ejemplo, la posición e impulso de cada partícula $(X_1\ X_2\ P_1\ P_2)$, y otros al sistema compuesto, tal como la distancia relativa entre las partículas $(D = X_2 - X_1)$ y el impulso total de ambas $(P = P_1 + P_1)$. El estado del sistema, según lo visto en capítulos anteriores, estará fijado por propiedades asociadas a algunos observables. Debido a que el FMQ indica que es posible elegir a D y P conjuntamente para fijar el estado, suponemos el mismo determinado por las propiedades $D = d$, $P = p$. Esto es, la distancia relativa entre las partículas es el valor d y el impulso total de las mismas, el valor p. Ambos valores pueden ser considerados conocidos con exactitud en el sistema. Estamos ya en condiciones de demostrar ¬ com suponiendo la validez de todos los otros ingredientes. Lo haremos en cuatro pasos:

1) Es posible hacer una observación experimental de la posición de la partícula 1, o sea, medir X_1. Del resultado de la medición puedo predecir con exactitud el valor de $X_2 = d + X_1$. Además, si vale sep, dicha predicción exacta puede hacerse sin modificar para nada el subsistema de la partícula 2. En consecuencia, rea indica que existe un elemento de la realidad física asociado a la posición de la partícula 2 que designamos por erf(X_2).

2) En forma similar es posible hacer una observación experimental del impulso de la partícula 1, o sea, medir P_1. Del resultado de la medición puedo predecir con exactitud el valor de $P_2 = p - P_1$. Además, si vale sep, dicha predicción exacta puede hacerse sin modificar para nada al subsistema de la partícula 2. En consecuencia, rea indica que existe un elemento de la realidad física asociada al impulso de la partícula 2 que designamos por erf (P_2).

3) Está claro que fmq, en particular el principio de incertidumbre, no nos permite medir con exactitud, simultáneamente, X_1 y P_1, hecho que aparece representado en la figura por los dos aparatos para medir una u otra de estas cantidades. Debemos optar por una de ellas. Sin embargo, si vale sep, dicha opción no puede modificar en nada la partícula 2, que está alejada tanto como sea necesario. El subsistema 2, con sus elementos de realidad física, no tiene por qué enterarse de cuál de las dos cantidades hemos elegido medir. En consecuencia, sep implica que simultáneamente X_2 y P_2 son elementos de la realidad física del subsistema 2. Esto es erf (X_2, P_2).

4) El fmq no permite asignar simultáneamente un valor a ambos observables X_2 y P_2, ya que el principio de incertidumbre lo prohíbe. Pero hemos visto en 3) que para estas cantidades existen elementos de la realidad física

asociados. En consecuencia, el FMQ no puede ser completo por no cumplir con la condición necesaria de poder calcular un valor preciso para todos los elementos de la realidad física . Esto es ¬ COM.

El trabajo publicado por EPR estaba destinado a ser leído por físicos (muy probablemente lo escribieron pensando en Bohr como lector), motivo por el cual se utiliza una jerga y terminología específicas inaccesibles para los lectores de esta obra. La versión que se ha presentado aquí es, sin embargo, una traducción fiel al lenguaje apropiado para divulgación que respeta el espíritu del trabajo original. Estamos frente al argumento que más importancia ha tenido en la búsqueda de una interpretación de la mecánica cuántica. De la negación de cada uno de los ingredientes presentados surgen importantes líneas de investigación tendientes a establecer una interpretación de la teoría. A ellas dedicaremos el próximo capítulo.

VIII. Interpretaciones de la mecánica cuántica

CUANDO EL ARGUMENTO DE EPR se presenta en forma neutra, aparecen cinco opciones, de las cuales una, al menos, debe ser adoptada. O bien la lógica clásica no rige el razonamiento correcto, es decir que es falsa; o la mecánica cuántica no es correcta y debe hacer predicciones que se demuestran falsas; o debemos abandonar el realismo débil y adoptar forzosamente una postura positivista extrema; o la mecánica cuántica no es una teoría completa, existiendo en la realidad cualidades ocultas; o los sistemas físicos no siempre son separables, existiendo efectos instantáneos a distancia. De las diferentes alternativas surgen varias corrientes e intentos de interpretación de la mecánica cuántica que presentaremos a continuación.

Analicemos primero la opción de abandonar la lógica clásica como el conjunto de reglas que rigen el razonamiento correcto. Para ello, es necesario determinar cuáles son las modificaciones mínimas que requiere la lógica clásica a fin de, con estas nuevas reglas de razonamiento, poder afirmar FMQ, REA, COM y SEP sin contradicción. La estructura de la lógica clásica, estudiada en gran detalle por los matemáticos, puede formalizarse con dos relaciones binarias (que involucran a pares de proposiciones): la disyunción $\vee$ (se lee "o") y la conjunción $\wedge$ (se lee "y"), y la negación $\neg$. Dadas varias proposiciones $a, b, c, d\ldots,$ que pueden ser verdaderas (V) o falsas (F), es posible construir nuevas proposiciones del tipo $\neg\, a, a \vee b, a \wedge b, c \wedge (a \vee b), a \wedge \neg (b \vee \neg [a \vee c])$, etc. Dados los valores de verdad V o F de las proposiciones involucradas, es posible determinar el valor de verdad, V o F, de cualquier proposición compuesta. Existen distintos intentos de modificar la lógica clásica para resolver algunas dificultades de la mecánica cuántica que resultaron en las denominadas "lógicas cuánticas". Varios de estos intentos consisten en poder asignar a cualquier proposición otras posibilidades además de verdadera (V) o falsa (F). En uno de ellos (Reichenbach) se introduce el valor indeterminado (I) como alternativa adicional. Este sistema posee además tres tipos de negación en vez de uno.

Los mencionados intentos de lógicas polivalentes, con muchos valores de verdad en contraposición con las bivalentes, tienen raíces en la antigüedad, cuando se analizaron las dificultades en asignar valores de verdad a frases del tipo "mañana lloverá". Consideremos una propiedad de un sistema cuántico, por ejemplo $X = 5$ m. Si el estado del sistema es tal que dicha propiedad es POP, entonces la proposición "el sistema tiene $X = 5$ m" es V, si la misma es PONP, será F y si la propiedad es una PP, la proposición será I. La propuesta de Fevrier incorpora a V y F el valor absolutamente falso (A). Von Weizsäcker propone no tres, sino infinitos valores de verdad distribuidos continuamente entre V y F. Otras modificaciones propuestas a la lógica clásica (Birchoff, Von Neumann) mantienen valores bivalentes de verdad, pero reemplazan las leyes distributivas de la lógica clásica: $a \vee (b \wedge c) = (a \vee b) \wedge (a \vee c)$ y $a \wedge (b \vee c) = (a \wedge b) \vee (a \wedge c)$ por otra ley llamada "identidad modular". Finalmente, el último sistema de lógica cuántica que mencionaremos es la modificación de Mittelstaedt a la lógica operativa de Lorenzen, que consiste en un diálogo entre un proponente y un oponente basado en reglas bien definidas. La verdad o falsedad de una proposición es determinada por el vencedor en el diálogo, el proponente o el oponente.

El estudio detallado de las lógicas cuánticas es muy interesante, pero escapa a las metas de esta obra. Su valor radica en que, a través del mismo, se logra un profundo análisis de la estructura de la mecánica cuántica, antes que en la posibilidad concreta de reemplazar la lógica clásica. Todos los sistemas lógicos propuestos han sido criticados por alguna u otra falla técnica, cosa no tan grave, porque, en principio, dichas fallas son subsanables con modificaciones en la estructura de la propuesta. Destaquemos, además, que, en cada caso, la mecánica cuántica juega un papel importante, por ejemplo en la determinación de valores de verdad para las proposiciones, de modo que la lógica queda subordinada a la mecánica cuántica, contrariamente a la creencia de que la lógica está

111

por encima de todas las ciencias. Por más importantes que seamos los físicos cuánticos, no lo somos tanto como para exigir que todo el mundo aprenda a razonar de otra manera porque así se solucionan ciertas dificultades de nuestra teoría. La solución a los problemas debería pasar por una revisión de los conceptos físicos y no defenestrando a la lógica. Mucho más grave, y posiblemente irremediable es el hecho de que las lógicas cuánticas no son alternativas posibles a la lógica clásica, porque la misma presentación y aprendizaje de sus estructuras, la selección de sus axiomas, las opciones entre alternativas, etc., se hacen utilizando la lógica clásica que se pretende abolir. Todo sistema axiomático está basado en postular la verdad incuestionable de sus axiomas, lo que implica la falsedad de la negación de los mismos. Pero si además, existe otro valor de verdad indeterminado, negar un axioma no necesariamente sería falso. Estos argumentos sugieren considerar las lógicas cuánticas como interesantes cálculos preposicionales con los cuales se pone en evidencia la estructura de la mecánica cuántica, pero no como sistemas lógicos alternativos a la lógica clásica. Consideramos entonces esta primera opción, la de negar la lógica clásica, como interesante pero imposible.

Analicemos ahora brevemente la alternativa de que el formalismo de la mecánica cuántica sea falso. Esto significa que las predicciones que se hacen con dicho formalismo deben, en algún experimento, comprobarse incorrectas. A pesar del enorme éxito demostrado por aquél, no se puede excluir con certeza la posibilidad de que alguna vez se detecte una falla. Sin embargo, durante más de cincuenta años, esta teoría ha sido sometida a innumerables pruebas experimentales y nunca se ha detectado ninguna inconsistencia interna en ella. Sería muy difícil de explicar cómo es posible que una teoría esencialmente falsa haya podido pasar todas las pruebas a las que ha sido sometida la mecánica cuántica. Por lo tanto, consideramos esta alternativa como posible pero altamente improbable.

Pocos meses después de la aparición del trabajo de EPR, N. Bohr publicó otro que lleva el mismo título en el que se opuso a la conclusión a la que habían llegado los primeros. Bohr analizó una y otra vez el texto de EPR buscando alguna falla. Es posible que ningún otro trabajo publicado en la historia de la física haya sido sometido a un "referato" tan minucioso. Sin embargo, Bohr no encontró ningún error y solamente pudo cuestionar la validez de una de sus hipótesis. Bohr optó por negar la postura filosófica realista (débil) adoptada por EPR, al proponer que la misma no es compatible con el formalismo de la mecánica cuántica, pues éste requiere una interpretación basada en la complementariedad, que implica una revisión radical del concepto de realidad. Que Bohr no se adhiriese a una postura realista como la descripta en el capítulo cuarto no es extraño, porque la interpretación de Copenhage de la mecánica cuántica, de la cual él fue el principal gestor (junto con Heisenberg, Born, Jordan y Pauli), está sustentada por una postura filosófica muy cercana al positivismo. Sin embargo debe destacarse que el argumento de EPR requiere la adopción de un criterio más suave que el propuesto en el mencionado capítulo, ya que sólo es necesario aceptar una condición suficiente para la existencia de un elemento de realidad física, condición que bien puede ser asumida por una filosofía positivista moderada. Negar ese criterio pone a Bohr en una postura extrema. Hay un amplio debate entre los historiadores y filósofos de la ciencia en el que se discute si Bohr puede ser considerado positivista o no. Sin pretender entrar en la discusión, se puede afirmar que la interpretación llamada de Copenhage, implica una postura positivista o, al menos, una muy cercana a ella, y que algunos físicos que se adhirieron a dicha interpretación se manifestaron claramente positivistas. La base filosófica de la interpretación de Copenhage de la mecánica cuántica es el Principio de Complementariedad de Bohr, cuya presentación precisa y clara no es tarea fácil. Einstein, que lo negaba, reconoció no haber logrado formarse una idea no ambigua del mismo, y Von Weizsäcker, que lo defendía, creyó finalmente entenderlo después de un análisis minucioso o de todos los escritos de Bohr, pero éste lo desaprobó. Posiblemente la mejor aproximación surge de una frase del mismo Bohr en la que manifiesta que la utilización de un conjunto de conceptos clásicos (por ejemplo, ubicación espacial y temporal) en la descripción de un sistema cuántico excluye la utilización de otro conjunto (impulso y energía) que es "complementario". El lenguaje que los físicos usan para comunicar los resultados de los experimentos contiene conceptos "clásicos". Son los únicos que conocemos. Dicho lenguaje es el único que tenemos, pero no es adecuado para los sistemas cuánticos, aunque sí lo es para los aparatos experimentales, que son aparatos clásicos. Por este motivo, se propone en esta interpretación que debemos limitarnos exclusivamente a hacer frases sobre los aparatos experimentales con que se observan los sistemas cuánticos. Ahora bien, estas frases, debido a las inevitables interacciones entre el aparato y el sistema, no se refieren al sistema individualmente, sino que se aplican al conjunto aparato-sistema. Tal limitación supone, entonces, que la mecánica cuántica no se aplica al sistema en sí, sino que se ocupa de los resultados experimentales del complejo sistema-aparato. Diferentes arreglos experimentales con el mismo sistema implican frases que no pueden ser tomadas simultáneamente.

Son descripciones complementarias que no pueden pensarse juntas. Se complementan pero se excluyen. No se puede unir en una sola imagen la información obtenida de diferentes experimentos en un sistema físico. Estas consideraciones llevan a Bohr a decir que es falso creer que la meta de la física es descubrir cómo es la naturaleza, pues, en verdad, sólo se ocupa de lo que podemos decir acerca de ésta, dudando así de que la realidad de la naturaleza sea conocible. La palabra "realidad", dice Bohr, es una palabra que hay que aprender a usar correctamente. La descripción de la naturaleza que hace la física no es, para Bohr, un reconocimiento de la realidad del fenómeno, sino una descripción de las relaciones entre diferentes aspectos de nuestra experiencia. Heisenberg afirma, extremando el pensamiento de Bohr, que la meta única de la física es predecir los resultados experimentales excluyendo del lenguaje toda mención de la realidad.

El principio de complementariedad ha trascendido la mecánica cuántica para ser aplicado en otras áreas del conocimiento, tomando así matices filosóficos. Por ejemplo, en la biología se puede considerar que la perspectiva físico-química es una visión complementaria de otra "vitalista". Ambas son necesarias para una concepción total de la materia viviente, pero se excluyen mutuamente: para estudiar los procesos físicos y químicos de una célula es necesario matarla. (El padre de N. Bohr era biólogo y se opuso a las teorías de Darwin asumiendo posturas vitalistas). En una aplicación del principio de complementariedad de la teología se ha propuesto que ciencia y religión son dos aproximaciones complementarias de la verdad. También se lo ha vinculado con la lingüística, la sociología, etcétera.

Franco Selleri utiliza un grabado de M. C. Escher para ilustrar gráficamente la complementariedad. Se trata de

115

una composición en la que se ven peces y aves que se complementan en una imagen, pero se oponen al ser unos el espacio vacío entre los otros. Otra ilustración gráfica de este principio es la figura que unifica dos formas que se excluyen y no pueden ser vistas simultáneamente. Una visión destruye la otra, pero ambas forman la figura (Figura 11).

Al limitarse a relacionar resultados experimentales y predicciones sin pretender interpretar la realidad, la interpretación de Copenhage no enfrenta los problemas mencionados con la medición ni los relacionados con las interpretaciones ontológicas o gnoseológicas de las probabilidades, de allí su enorme éxito. En ella, la mecánica cuántica es completa, no tiene sentido hablar de separabilidad ni de los elementos de la realidad física. El principio de complementariedad, cuya manifestación en el formalismo se encuentra en el principio de incerteza, salva toda dificultad. Se explica, entonces, la aceptación generalizada de esta interpretación, excepto por algunos que pudieron permanecer críticos, posiblemente protegidos por la fama que poseían, tales como Einstein, Planck, Ehrenfest, Schrödinger y De Broglie. Hoy, sin embargo, ya no alcanza para callar la necesidad de los físicos de saber "cómo es la naturaleza" y de pensar en los sistemas físicos con características propias, reales y conocibles. No estamos dispuestos a abandonar la realidad, aunque sí debamos modificar la imagen que nos hacemos de ella. Por lo tanto, podemos calificar esta alternativa de abandonar el realismo como posible pero indeseable.

Analicemos a continuación la alternativa que implica la no completitud de la mecánica cuántica. Ya hemos mencionado que ésta fue la opción que tomaron EPR al diseñar su argumento; aunque debido a evoluciones posteriores, es posible que ni Einstein ni Bohr conservaran

FIGURA 11. *Dos perspectivas complementarias.*

hoy las mismas convicciones originales. El argumento de EPR generó actividad en la búsqueda de una teoría con variables ocultas. En ella se supone la existencia de alguna característica relevante en el sistema físico para la cual no existe ninguna forma de fijar experimentalmente su valor numérico, o de medirla. Por eso, la denominación de "oculta". El estado del sistema, junto con el valor de la o las variables ocultas, determinan unívocamente el valor que asumen todos los observables. Esto significa que conociendo el estado y conociendo el valor de las variables ocultas, todas las propiedades son POP o PONP y ninguna es PP. Las PP aparecen solamente debido al desconocimiento del valor de las variables ocultas. Por ejemplo, consideremos el caso, analizado en un capítulo anterior, de un electrón con el espín orientado a 45 grados. Esta orientación determina el estado del sistema. Supongamos un gran número de sistemas idénticos en los cuales medimos la orientación del espín en la dirección vertical. Ya vimos que aproximadamente 85% de las veces dicha medición resulta en 1/2 (para arriba) y el 15% restante en −1/2 (para abajo). En una teoría con variables ocultas se supone que todos estos sistemas no son idénticos, sino que se diferencian en el valor de las variables ocultas,

117

que son las responsables de que en algunos casos se mida "para arriba" y en otros "para abajo"; si conociésemos el valor de dichas variables podríamos predecir con certeza qué valor resultaría en cada caso. Las probabilidades aquí son gnoseológicas al deberse exclusivamente a nuestra ignorancia del valor de las variables ocultas. En forma similar si cierta propiedad de posición de una partícula, por ejemplo $X = 5$ m, es una PP y le asociamos una probabilidad, por ejemplo, de 10% cuando el estado ha sido fijado por el conocimiento del impulso, la teoría con variables ocultas supone que existe, para la partícula, alguna característica desconocida que determina exactamente en qué casos la medición de la posición resulta en $X = 5$ m y en cuáles no. La probabilidad que se le asocia a la posición es manifestación del desconocimiento que tenemos del valor de la variable oculta.

El gran atractivo de estas teorías radica en que son deterministas, tal como lo es la mecánica clásica. Por otro lado, pierden su encanto ante quienes piensan que la naturaleza debe ser conocible (aunque reconozcan que estamos lejos de conocerla bien), al tener que aceptar la existencia de características esenciales y relevantes en el sistema físico para las cuales no existe ninguna forma de fijarlas o medirlas experimentalmente, o sea que deben permanecer ocultas. Esta consideración es importante para diferenciar la no completitud de la mecánica cuántica de otras teorías no completas, por ejemplo, la termodinámica o la mecánica estadística, o la sociología, en ciencias humanas. En ellas se ha tomado la decisión de ignorar el valor de algunas variables individuales para obtener una descripción estadística del sistema. Sin embargo, dichas variables ignoradas son conocibles. El peso y la altura de un individuo son perfectamente conocibles, pero se los ignora en un sondaje de opinión sobre sus simpatías políticas. Si la mecánica cuántica no es completa, no se debe a que hemos elegido ignorar, por simplicidad, alguna característica del sistema, sino a la existencia de características relevantes, pero no conocibles en la realidad. Von Neumann, un matemático genial que hizo fundamentales aportes en el desarrollo de la estructura matemática de la mecánica cuántica, demostró un importante teorema que prohíbe la posibilidad de que haya teorías con variables ocultas compatibles con el formalismo de la mecánica cuántica. Cuando este teorema parecía poner punto final al debate, D. Bohm, haciendo caso omiso de la prohibición y con una total falta de respeto, desarrolló una teoría con variables ocultas que era perfectamente coherente. Esta aparente contradicción creó algo de confusión que ya se ha aclarado. Lo que el teorema prohíbe es desarrollar una teoría con variables ocultas que reproduzca, cuando dichas variables son promediadas, exactamente, el formalismo de la mecánica cuántica, pero no prohíbe inventar una teoría que tenga variables ocultas y que haga las mismas predicciones que las que se pueden obtener con el formalismo de la mecánica cuántica. Dos formalismos distintos pueden hacer las mismas predicciones experimentales. En consecuencia hoy es posible intentar desarrollar una teoría con variables ocultas y existen varios ejemplos, que, si bien son algo artificiales, son matemáticamente intachables. Veremos a continuación, sin embargo, que las variables ocultas, además de representar alguna cualidad no conocible del sistema, deben ser no locales, introduciendo inesperadamente la no-separabilidad. Esto significa que no es suficiente considerar la mecánica cuántica no-completa, sino que, además, debe ser no-separable, lo que nos conduce a la última alternativa planteada por el argumento de EPR.

El sistema físico utilizado para demostrar el argumento de EPR consiste en dos partículas de las cuales nos interesa su posición e impulso. D. Bohm ideó una demostración del mismo argumento utilizando también dos partículas, pero de éstas nos interesan las proyecciones del espín en alguna dirección en vez de sus posiciones e impulsos. El argumento es esencialmente el mismo, así como sus ingredientes. Pero la versión presentada por Bohm es más rica porque se pueden hacer participar más observables. Para cada partícula hay sólo un observable de posición, pero podemos pensar en infinitos observables de proyección del espín al elegir las infinitas diferentes direcciones de proyección. Esta diferencia se hace importante cuando intentamos construir algún arreglo experimental que nos ayude a decidir entre las alternativas planteadas por el argumento de EPR. La versión inicial del argumento de EPR no puede ser extendida hacia un experimento, pero la versión de Bohm sí. Este camino "de la mente al laboratorio" fue señalado por las desigualdades de Bell y fue recorrido por Aspect, quien realizó los primeros experimentos que indicaron que la realidad debe poseer, en ciertos casos, la extraña propiedad de ser no-separable.

No presentaremos aquí en gran detalle las desigualdades de Bell, limitándonos a describir los sistemas físicos a que se aplican y los ingredientes que participan en su deducción. Supongamos dos partículas, como en el sistema usado para el argumento de EPR, que provienen de la desintegración de otra con impulso angular conocido (cero, por ejemplo). El proceso de desintegración no puede modificar el espín total del sistema, por lo cual las dos partículas tienen su espín orientado de forma tal que se sumen para producir exactamente el espín de la partícula inicial. Ambas partículas son sometidas a la observación de la proyección de su espín en ciertas direcciones que podemos elegir convenientemente. En este caso, el postulado de la separabilidad significa que la probabilidad de observar la proyección del espín en cierta dirección para una partícula es independiente de la dirección en que se observa el espín de la otra partícula. Supongamos ahora no un par de partículas, sino un gran número de pares. Para este conjunto de pares podemos considerar diferentes direcciones de observación y medir "correlaciones" esto es: el número de veces que medimos el espín de una partícula en cierta dirección cuando se ha medido el espín de la otra en cierta otra dirección. Combinando tales correlaciones se obtiene una cantidad que, según demostró Bell, no puede ser mayor que 2. Si la simbolizamos con $\Delta Bell$, este importante resultado se expresa: $\Delta Bell \leq 2$. Los ingredientes que Bell utilizó para llegar al mismo, fueron el realismo, por postular que el espín de las partículas existe independiente de su observación, la existencia de variables ocultas y la separabilidad, al suponer que el valor de dichas variables para una partícula permanece inalterado ante cualquier acción en la otra partícula. Notemos que para llegar a este resultado no se ha utilizado el formalismo de la mecánica cuántica y que la cantidad $\Delta Bell$ puede ser medida en un laboratorio. Análisis posteriores demostraron que también es posible deducir dicha desigualdad sin suponer la existencia de variables ocultas, o sea solamente requiriendo realismo y separabilidad. En consecuencia, el resultado de Bell puede expresarse:

$$(\text{REA} \wedge \text{SEP}) \rightarrow \Delta Bell \leq 2$$

Por otro lado, la misma cantidad para la cual Bell encontró que no puede exceder el valor de 2, también es calculable con el formalismo de la mecánica cuántica, lo que resulta en un valor 40% mayor que 2. La situación es crucial: si el resultado predicho por la mecánica cuántica se confirma experimentalmente, entonces la desigualdad de Bell $\Delta_{BELL} \leq 2$ es violada, indicando que, al menos una de las hipótesis que participan en su deducción, el realismo o la separabilidad, es falsa. La palabra la tiene el juez supremo de la física: el experimento. Debemos solamente interrogar a la naturaleza. Resulta fascinante notar que la respuesta experimental concierne a la validez de un postulado filosófico. Éste es el experimento que mencionamos varios capítulos atrás, que justificaba hablar de una filosofía experimental. El experimento ha sido hecho y repetido con diferentes arreglos, por diferentes físicos y en diferentes lugares. Los resultados son claros y concluyentes: la desigualdad de Bell es violada. Necesariamente debemos abandonar el realismo como base filosófica, ¡o debemos aceptar que la realidad tiene la asombrosa característica de ser no-separable en ciertos casos! Dijimos también que por múltiples motivos, en particular por las consecuencias subjetivistas y aun solipsistas que implica, el abandono del realismo es inaceptable para muchos físicos y filósofos. Queda, entonces, como última alternativa, el abandono de la separabilidad irrestricta en la realidad física, alternativa que podemos calificar como asombrosa pero necesaria, si deseamos ser filosóficamente realistas.

Ni Bohr ni Einstein consideraron esta opción, porque en el momento histórico en el que ellos actuaron nadie concebía la posibilidad de que la separabilidad no fuese válida. Hoy, a la luz de la violación experimental de las desigualdades de Bell, posiblemente ambos titanes se unirían para adoptar la no-separabilidad como la alternativa adecuada entre las planteadas por el argumento de EPR.

Habría sido maravilloso ver a estos dos oponentes al fin reunidos: Bohr rechazando el positivismo, Einstein reconociendo la completitud, y ambos aceptando la no-separabilidad en la realidad física.

Si aceptamos que la no-separabilidad debe jugar un papel importante en la interpretación de la mecánica cuántica, debemos preguntarnos cómo se formaliza este concepto en la teoría. La no-separabilidad tiene que estar ya incluida en el formalismo, puesto que la predicción que éste hace para la cantidad involucrada en la desigualdad de Bell concuerda con el resultado experimental. La no-separabilidad está presente en el principio de incerteza, que, recordemos, indica que el producto de las incertezas asociadas a dos observables debe ser mayor que cierta cantidad. Esta última cantidad no se anula en ciertos estados aun para observables que corresponden a características muy distantes. Por ejemplo, en la versión original del argumento de EPR, se trabaja con un sistema de dos partículas, tal que el producto de las incertezas en sus posiciones no se anula en el estado considerado. Si por una medición modificamos la incerteza en la posición de una de las partículas, la incerteza de la otra, por más lejana que se encuentre, será modificada.

Es interesante notar que, si bien el formalismo de la mecánica cuántica contenía la no-separabilidad en la versión del principio de incerteza dada por Schrödinger en 1930, solamente en la década del sesenta se introdujo el concepto de separabilidad. En un capítulo anterior se identificaron las características esenciales de la mecánica cuántica, entre las que se mencionó la dependencia que existe entre los observables, la cual trasciende la constatada en los sistemas clásicos. La no-separabilidad es justamente una manifestación de dicha dependencia entre observables, cuando éstos corresponden a cualidades distantes del sistema. Implica, entonces, cierta forma de acción instantánea a la distancia, porque la medición o modificación en una parte del sistema, cuando éste se encuentra en un estado no-separable, inmediatamente debe propagarse a todo el sistema. Esta acción a la distancia parece entrar en conflicto con la relatividad de Einstein, que prohíbe la transmisión de materia o información a velocidades mayores que la de la luz. Sin embargo, tal inconveniente no se presenta, porque el tipo de acción cuántica requerida por la no-separabilidad no puede ser usada para transmitir información, y mucho menos materia. No es posible construir un telégrafo que envíe señales a velocidad mayor que la de la luz usando la no-separabilidad cuántica. Esta conclusión es importante, porque, de no ser así, estaríamos frente a una contradicción entre dos pilares fundamentales de la física: la mecánica cuántica y la relatividad.

IX. ¿Hacia un nuevo paradigma?

LA HISTORIA DE LA FÍSICA, con sus continuas sorpresas y la creciente velocidad de su evolución, indica que toda predicción sobre el futuro de esta disciplina tiene grandes probabilidades de ser falsa. Sin embargo, el nivel de comprensión de las dificultades de la mecánica cuántica, en particular en cuanto a su interpretación, nos permite asegurar que algunas de las alternativas presentadas, u otras nuevas que aparezcan, se impondrán, ya sea por la desaparición de sus oponentes o por nuevos elementos que las favorezcan. La situación actual no puede eternizarse. Uno de los posibles escenarios del futuro de la física cuántica consiste, de acuerdo con lo visto, en una sincera y clara adopción del positivismo. El abandono del realismo es doloroso e indeseable filosóficamente, pero debemos reconocer que es muy eficaz para resolver las dificultades de la teoría cuántica. Para muchos esta postura carece de atractivo porque, dicho en forma algo simplificada, no presenta una solución a los problemas, sino que decreta que los problemas no existen. De todas maneras, si éste resulta ser el futuro de la física, se requerirán grandes modificaciones en nuestra concepción del mundo. No es posible que seamos realistas en todos los aspectos, excepto en lo que concierne a la mecánica cuántica. Sería necesaria una adopción clara y general, no solamente por parte de los físicos sino por toda la población, del positivismo con todas sus consecuencias. Muchos físicos, satisfechos de saber que existe cierta interpretación "ortodoxa" de la mecánica cuántica llamada "de Copenhage" que resuelve ciertos problemas (que, de todas formas, ellos no se plantean) ignoran que dicha interpretación requiere la adopción de un contexto filosófico general. Otros, que pueden ser calificados de pragmáticos o instrumentalistas, ni siquiera se interesan si existe o no alguna interpretación de la mecánica cuántica, sólo la usan como una receta de cocina. Desafortunadamente, estas dos actitudes muy comunes no contribuyen, más bien se oponen, al progreso científico. Nadie puede pretender, por cierto, que todos los físicos abandonen sus problemas para dedicarse a la búsqueda del significado de la física cuántica, pero sí que estén informados y valoren dicha búsqueda, que la incentiven y la apoyen en los ámbitos donde se deciden las políticas científicas.

Hay un amplio espectro de escenarios posible para el futuro, filosóficamente opuestos al anterior, o sea que no implican el abandono del realismo. Los argumentos presentados en esta obra muestran que todos estos escenarios deben tener en común la adopción de la no-separabilidad en la realidad física. La generalización del concepto de no-separabilidad resulta en que para todo sistema cuántico existen estados en los que no es posible considerarlo como compuesto por partes individuales e independientes. En esos estados, el sistema forma un todo indivisible (holismo) y cualquier acción en una de sus partes, por más separada o distante que esté, tendrá efectos en la totalidad del sistema. Es importante repetir la advertencia de que dicha asombrosa característica de los sistemas cuánticos responde a criterios científicos teóricos y experimentales rigurosos y no da sustento a ningún misticismo orientalista ni explica ningún fenómeno "paranormal" entre las múltiples charlatanerías, que desafortunadamente tienen mayor difusión que la ciencia seria. Todos estos escenarios realistas requieren, entonces, una nueva concepción de la realidad en los sistemas físicos cuya evolución está caracterizada por un valor de la acción cercana a la constante de Planck.

Hay varios modelos de teorías que responden a la posición realista que no serán tratados aquí en detalle. En el propuesto por D. Bohm, inicialmente se requería la existencia de variables ocultas que correspondían a las trayectorias clásicas de las partículas. Desarrollos posteriores no hacen alusión a variables ocultas, y consisten en considerar el movimiento de las partículas como si éstas fuesen sistemas clásicos, pero sometidas a fuerzas que incluyen, además de las fuerzas conocidas clásicamente, fuerzas derivadas de un "potencial cuántico" que se calculan a partir del formalismo de la mecánica cuántica. Estas fuerzas cuánticas tienen carácter no local, introduciendo en el formalismo explícitamente la no-separabilidad. La teoría de Bohm es particularmente atractiva por ser realista, causal, determinista, no-separable, y al hacer las mismas predicciones que el formalismo convencional de la mecánica cuántica, no contradice ningún resultado experimental.

Es posible que los problemas planteados para la mecánica cuántica no tengan solución dentro de un contexto no relativista y que la teoría definitiva aparezca en la esquina superior derecha del diagrama velocidad-inacción. El límite no relativista de la misma reproduciría el formalismo hoy conocido de la mecánica cuántica. Esta posibilidad debe ser tenida en cuenta a pesar de recorrer el camino opuesto a la vía usual que va "de lo sencillo a lo difícil". Quizás al pretender desarrollar una teoría cuántica no relativista hemos penetrado en un callejón sin salida. Posiblemente dicha teoría definitiva resuelva también las cuestiones planteadas por la teoría de las partículas elementales, unificando las propiedades "internas" de las partículas (masa, carga, espín, etc.) con las "externas" (posición, impulso, etc.) en una sola teoría. No existen aún indicios claros de su nacimiento, pero el germen puede estar ya en la mente de algún teórico.

Una ingeniosa idea ha sido presentada para conciliar el determinismo con la indeterminación que se presenta en la observación experimental de una PP. Recordemos, como ejemplo, la medición de la proyección vertical del espín de una partícula en el estado caracterizado por el valor 1/2 en la dirección horizontal. Según lo visto, 50% de las veces medimos el espín "para arriba" y el 50% restante "para abajo", pero no hay forma de predecir determinísticamente en cada caso individual cuál será el resultado. Everett, en una propuesta que desafía a la más imaginativa ciencia ficción, propone que el universo se parte en dos universos inconexos; en uno el espín queda "para arriba" y en el otro "para abajo". En ambos universos hay un físico que comprueba el resultado del experimento creyendo ser único. En cada observación o interacción que tenga múltiples posibles resultados, el universo se multiplicará en tantos casos como posibilidades haya, de forma tal que en cada uno de ellos se realiza una de las posibilidades. Esto lleva a una continua multiplicación de los universos en números vertiginosos, pero que nunca notaremos porque, contrariamente a lo que se propondría en un buen libro de ciencia ficción, no existe ninguna interacción entre ellos, siendo imposible viajar de uno a otro. Schrödinger se queda con un gato vivo en un universo y con un gato muerto en el otro, pero el primer Schrödinger no puede enviarle sus condolencias al segundo. Esta ingeniosa idea resuelve los problemas del significado de la medición, pero no responde a ningún criterio de verificabilidad. No puede ser validada ni refutada, por lo que está más cerca de la poesía que de la física.

Es erróneo considerar a la física y a la filosofía como dos disciplinas separadas, autónomas e independientes. Este error tiene largas raíces que se pueden rastrear hasta la diferenciación aristotélica entre física y metafísica, y se manifiesta, en el presente, en hechos tales como, por ejemplo, que en los planes de estudio superiores de física rara vez, o nunca, aparecen cursos de filosofía, y tampoco los estudiantes de filosofía acceden a cursos de física. La historia de la física y de la filosofía muestran claramente que ambas están ligadas. Todo cambio de paradigma, toda revolución científica no sólo ha producido nuevos conocimientos sobre la naturaleza, nuevos formalismos matemáticos, nuevos experimentos y nuevas posibilidades técnicas, sino que, además y fundamentalmente, ha promovido nuevas visiones de la realidad con fuertes implicaciones filosóficas. La revolución cuántica que comenzó en las primeras décadas de este siglo ha causado, con su formalismo, varias sorpresas. Las dificultades en interpretar dicho formalismo sugieren que la revolución cuántica aún no ha terminado y que la segunda etapa de ésta puede producir más sorpresas que la primera. La mecánica cuántica promete un futuro fascinante.

ÍNDICE

Física cuántica para filo-sofos, de Alberto Clemente de la Torre,
núm. 178 de la colección La Ciencia para Todos,
se terminó de imprimir y encuadernar en febrero de 2011
en Impresora y Encuadernadora Progreso, S. A. de C. V. (IEPSA),
Calzada de San Lorenzo 244; 09830 México, D. F.
La edición consta de 1 400 ejemplares.

Isaac Schifter

La ciencia del caos

En años recientes, parte de la comunidad científica en todo el mundo ha comenzado a hablar incesantemente de caos, desorden, para explicar muchos fenómenos que suceden en la naturaleza y en experimentos controlados de laboratorio, que se caracterizan por tener un comportamiento que no puede ser descrito por leyes matemáticas sencillas.

Los meteorólogos señalan que bajo ciertas circunstancias el flujo del aire se comporta en forma *obediente* y se le pueden aplicar ecuaciones que los describen rigurosamente, pero, en otras situaciones su movimiento es *caótico* y no se sabe que pasará. El desorden es el personaje principal de esta obra. ¿Por qué existe este caos? ¿Cómo interviene en nuestra vida cotidiana y cuáles son sus consecuencias?

A la pregunta del lector respecto a qué es lo que lo causa Schifter responde que ¡nada! Siempre ha existido y hoy en día sabemos que su presencia en muchos fenómenos es más común de lo que pensábamos hace algunos años.

La Ciencia para Todos #142
coedición de la Secretaría de Educación Pública
el Consejo Nacional de Ciencia y Tecnología
y el Fondo de Cultura Económica

1ª edición, 1996; 112 pp.: ilus.; 21 x 13.7 cm

ISBN 968-16-4438-7

ELIEZER BRAUN

Caos, fractales y cosas raras

Durante el último cuarto de siglo se ha venido generando una revolución en el mundo de las ideas científicas: el estudio de los fractales y el caos. Las aplicaciones de tales teorías son verdaderamente enormes e incluyen la física, las matemáticas, la biología, la medicina, la economía, la lingüística y otras muchas gamas del saber humano.

El propósito del presente libro es ofrecer una explicación somera, accesible a todos, de los antecedentes de dicha revolución científica. Se trata el concepto de fractal sólo para descubrir que la mayoría de las figuras que existen a nuestro alrededor son fractales y que la excepción son las figuras geométricas. El estudio del concepto de caos del doctor Braun nos describe que el comportamiento de un cuerpo puede ser estable o caótico dependiendo de su parametros inciales.

LA CIENCIA PARA TODOS #150
coedición de la SECRETARÍA DE EDUCACIÓN PÚBLICA
el CONSEJO NACIONAL DE CIENCIA Y TECNOLOGÍA
y el FONDO DE CULTURA ECONÓMICA

1ª edición, 1996; 154 pp.: ilus.; 21 x 13.7 cm.

ISBN 968-16-5070-0